FORMULES

RELATIVES

AUX EFFETS DU TIR.

Cet opuscule manquant dans le commerce, on en a fait une réimpression à laquelle on a joint deux Notes d'un ancien professeur à l'École de Metz.

IMPRIMERIE DE BACHELIER,
rue du Jardinet, n° 12.

FORMULES

RELATIVES

AUX EFFETS DU TIR

SUR

LES DIFFÉRENTES PARTIES DE L'AFFUT;

PAR S.-D. POISSON,

MEMBRE DE L'INSTITUT.

DEUXIÈME ÉDITION,

Conforme à la première, imprimée par ordre de M. le Ministre de
la Guerre.

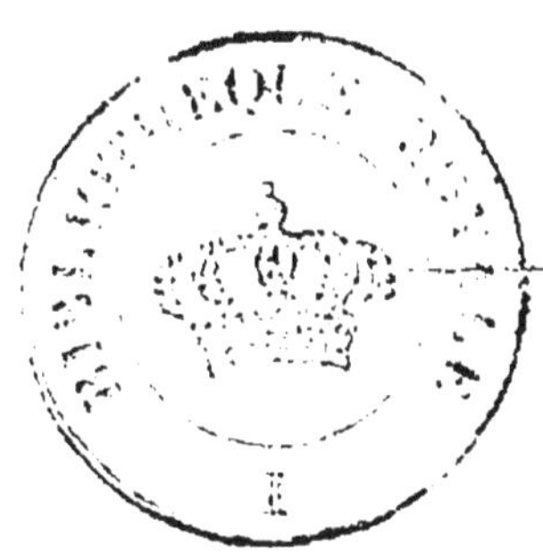

PARIS,

BACHELIER, IMPRIMEUR-LIBRAIRE

DE L'ÉCOLE POLYTECHNIQUE, DU BUREAU DES LONGITUDES, etc.

QUAI DES AUGUSTINS, N° 55.

1838

FORMULES

AUX EFFETS DU TIR

LES DIFFÉRENTES PARTIES DE L'AFFUT.

1. Pendant que le boulet se meut dans l'âme de la pièce, le gaz de la poudre exerce à chaque instant des pressions égales et contraires sur le fond de l'âme et sur le projectile. Les pressions sur le fond de l'âme se transmettent sur toutes les parties de l'affût, et produisent le recul. Si l'on voulait déterminer à un instant quelconque les pressions que subissent les tourillons, l'essieu, ou d'autres parties du système, il faudrait connaître la loi de la force du gaz pendant l'inflammation de la poudre, et tenir compte de la flexibilité des différentes parties de l'affût et de la matière même du canon, ce qui rendrait le problème impossible à résoudre. Mais pour éclairer la pratique sur les efforts auxquels les parties du système doivent être capables de résister, il suffit de déterminer la somme totale des pressions que chaque partie éprouve pendant toute

la durée de l'action de la poudre. Or cette somme est une quantité finie de mouvement, qui ne dépend que de celle que le boulet a reçue à la sortie de la pièce, et que l'on peut calculer en faisant abstraction de la flexibilité du système. En général, une percussion n'est autre chose qu'une pareille somme de pressions successives qui ont produit, dans un intervalle de temps très court, une quantité de mouvement indépendante de la durée de leur action. Dans la question actuelle, ce temps est celui que le boulet emploie à se mouvoir dans l'intérieur de la pièce ; il s'élève à peine à un deux-centième de seconde : d'où il résulte que l'effet total de l'action de la poudre sur chaque point du système peut être assimilé à une percussion ; et que le problème que nous aurons à résoudre consistera à calculer la vitesse dont un corps d'une masse donnée devrait être animé pour qu'en venant frapper soit les crosses, soit l'essieu, ou toute autre partie de l'affût, ce choc produisît sur ces parties le même effet que l'action de la poudre.

2. Nous représenterons par μ la quantité de mouvement du boulet parvenu à la bouche du canon. Cette quantité sera aussi celle qui sera communiquée en sens contraire au système de la pièce et de l'affût par l'action totale de la

poudre (*). La direction de cette force μ sera l'axe de la pièce. Nous désignerons par θ son inclinaison sur le terrain, angle qui sera positif ou négatif selon que la culasse aura été abaissée ou élevée : dans le cas le plus ordinaire, cet angle sera positif et d'un petit nombre de degrés.

Le système entier est symétrique par rapport à un plan vertical passant par l'axe de la pièce, ou parallèle à la direction du recul; nous supposerons les effets du tir semblables de part et d'autre de ce plan, en sorte que les deux roues, les deux crosses, etc., éprouveront chacune la même percussion.

Pour fixer les idées, nous supposerons aussi le terrain horizontal; nous le regarderons comme inflexible, ou du moins comme capable de résister sans flexion sensible aux pressions qu'il éprouvera dans ses points de contact, soit avec les roues, soit avec les crosses. Nous représenterons par N et R les sommes des pressions ou les percussions qui auront lieu au point de contact de chaque crosse et à celui de chaque roue. Ces forces seront verticales et dirigées dans le sens de la pesanteur; en les prenant en sens contraire, elles exprimeront les percussions verticales que l'affût éprouvera aux mêmes points. Leurs grandeurs seront des fractions de μ qu'il

---

(*) Note première à la fin de l'ouvrage.

s'agira de déterminer; et si l'on trouve, par exemple, $N = n\mu$, n étant une fraction donnée, cela signifiera que chaque crosse éprouve le même choc que si le boulet lancé par le canon venait la frapper avec sa vitesse initiale, diminuée dans le rapport de n à l'unité. Il en sera de même à l'égard des percussions éprouvées par les autres parties du système, dont nous aurons à déterminer les rapports avec la force μ.

Pendant toute la durée de l'action de la poudre, on devra négliger la pression exercée à chaque instant contre le terrain par le poids du système, par rapport à celle qui est due à l'action du gaz, et qui est incomparablement plus grande que la première; mais il faudra tenir compte du frottement, attendu qu'à un instant quelconque cette force est proportionnelle à la pression qui existe au même instant. Les résistances totales que le frottement des crosses et des roues contre le terrain opposera au mouvement de l'affût seront des forces horizontales agissant en sens contraire du recul, que nous pourrons exprimer par $f\mathrm{N}$ pour chaque crosse, et par $f\mathrm{R}$ pour chaque roue; f étant une fraction donnée qui dépendra de la nature du terrain et de celle des surfaces frottantes, et que nous supposons la même pour les roues et les crosses, afin de simplifier les formules que nous aurons à trouver.

5. Les quantités connues, dépendantes du poids et des dimensions des diverses parties du système, qui entreront dans ces formules, seront représentées de la manière suivante (*).

Nous désignerons par γ la perpendiculaire abaissée de l'extrémité des crosses sur l'axe incliné du canon, et par c la perpendiculaire abaissée du

---

(*) Voyez la figure jointe à cet écrit, qui m'a été communiquée par un officier supérieur d'artillerie, avec cette note :

On a déterminé la position du centre de gravité du canon sur l'axe, en plaçant la pièce en équilibre sur l'arête saillante d'un corps résistant (par exemple sur l'arête d'un essieu placé en travers dans les encastremens), de manière que l'axe fût horizontal.

Pour obtenir la position du centre de gravité du système de la pièce et de son affût dans le plan vertical passant par l'axe, l'on a cherché d'abord celui de l'affût dans ce plan, qui le partage en deux parties à peu près symétriques, en le suspendant au moyen d'un fil de fer d'environ 4 millimètres de diamètre, en sorte que la direction de ce fil rencontrât ce plan presque à angle droit.

Ensuite, au moyen de ce centre de gravité et de celui du canon, et des poids connus de la pièce et de l'affût, il a été facile de déterminer sur la figure la position du centre de gravité du système entier.

Dans les pièces de campagne, la distance de l'axe des tourillons à celui du canon est un douzième du calibre. Afin de rendre ici cette distance plus sensible et d'apporter moins de confusion dans le dessin, l'on a descendu les tourillons, comme dans les pièces de siége.

centre de gravité du système sur la même droite;

Par l la plus courte distance de l'axe des tourillons à celui de la vis de pointage, à peu près égale à la demi-longueur de la pièce;

Par θ' l'angle peu différent de θ que le second de ces deux axes fait avec la verticale;

Par h la hauteur du centre de gravité du système au-dessus du terrain, et par a la distance de sa projection horizontale à l'extrémité des crosses;

Par h' et a' les mêmes quantités relativement au centre de gravité du canon, que nous supposerons situé sur l'axe de la pièce, direction de la force μ;

Par r et b les mêmes quantités relativement à chacune des deux roues, c'est-à-dire la longueur de son rayon et la distance de son point le plus bas à l'extrémité des crosses.

Dans la construction ordinaire des affûts, les trois lignes a, a', b, différeront peu entre elles; on aura $h' > h$, $h > r$; et l'angle θ étant peu considérable, les lignes γ et c seront à peu près égales à h' et $h' - h$; elles auront pour valeurs exactes :

$$\gamma = h' \cos\theta - a' \sin\theta,$$
$$c = (h'-h) \cos\theta - (a'-a) \sin\theta.$$

Concevons par l'axe des tourillons deux plans, l'un horizontal et l'autre vertical; nous représenterons par p la distance du centre de gravité du canon au premier plan, et par q sa distance au plan vertical. A cause de la prépondérance de la culasse, ce centre sera situé du même côté que cette partie de la pièce par rapport au second plan ; il sera placé au-dessus ou au-dessous du plan horizontal, selon que l'axe de la pièce sera au-dessus ou au-dessous de celui des tourillons. Pour comprendre ces deux cas dans les mêmes formules, nous regarderons la quantité p comme positive dans le premier cas, et comme négative dans le second. Ces distances p et q varieront avec l'angle θ ; mais si on les a mesurées quand cet angle est nul, et que l'on représente alors leurs valeurs par $p = \alpha$, $q = \beta$, on aura, pour un angle θ quelconque,

$$p = \alpha \cos\theta - \beta \sin\theta,$$
$$q = \alpha \sin\theta + \beta \cos\theta.$$

Enfin, nous appellerons M, m, m', les masses du système entier, du canon et de chacune des deux roues ; et nous représenterons par MK^2, mk^2, $m'k'^2$, les moments d'inertie de ces masses, rapportés à des axes parallèles à celui des tourillons, et passant par leurs centres de gravité respectifs. Nous ferons aussi

$$\frac{m}{M} = n, \quad \frac{2m'}{M} = n';$$

de sorte que, les poids étant entre eux comme les masses, n et n' exprimeront les rapports des poids du canon et des deux roues au poids du système entier.

Il serait à désirer qu'on eût déterminé toutes ces quantités, pour les différentes espèces de bouches à feu, soit par des mesures directes, soit par le calcul ou l'expérience.

4. Voici également comme nous représenterons les inconnues de notre problème qu'il s'agira d'exprimer en fonctions des quantités précédentes.

Nous avons d'abord exprimé par N et R les percussions verticales qu'éprouvent les crosses et les roues à leurs points d'appui sur le terrain. Nous représenterons en outre :

Par T et S les percussions horizontale et verticale exercées sur l'encastrement de chaque tourillon;

Par E et F les mêmes forces relativement à la partie de chaque roue que traverse l'essieu;

Par V la percussion sur la vis de pointage, dont la direction est l'axe de cette vis, faisant l'angle θ' avec la verticale : nous conviendrons de regarder comme positives ou comme négatives les forces horizontales, selon qu'elles agiront dans le sens du recul ou en sens opposé, et les forces verticales suivant qu'elles seront dirigées en sens contraires de la pesanteur ou dans le même sens; d'où il résultera que les composantes horizontale et verticale de la force V appliquée à la vis de pointage seront $- V \sin \theta'$ et $- V \cos \theta'$.

Les mêmes forces T, S, V, E, F, prises en sens contraire de leurs directions respectives, agiront les trois premières sur le canon, et les deux autres à chaque extrémité de l'essieu.

Tous les points du système prendront, dans le sens horizontal, une vitesse commune; leurs quantités de mouvement correspondantes, étant proportionnelles à leurs masses, auront une résultante qui passera par le centre de gravité du système : nous désignerons par X cette force horizontale.

Le système entier pourra aussi prendre un mouvement de rotation autour de la droite qui joint les extrémités des deux crossses, ou plutôt leurs points de contact avec le terrain : nous désignerons, dans ce mouvement, par φ la vitesse angulaire dont tous les points seront animés.

Il se pourra encore qu'indépendamment de la rotation du système entier, la pièce tourne autour de l'axe des tourillons : nous représenterons par ω la vitesse angulaire de ce mouvement, produite, comme la vitesse φ et la force X, par l'action totale de la poudre.

Enfin, cette même action imprimera à chaque

roue un mouvement de rotation autour de l'essieu, dont nous exprimerons la vitesse angulaire par ψ. Il sera possible que cette rotation tende à élever les points de derrière des roues, ou qu'elle tende à les abaisser : dans le premier cas, nous regarderons la vitesse ψ comme positive, et dans le second cas comme négative.

En déterminant ces deux derniers mouvements, nous supposerons très peu considérable le frottement des roues contre l'essieu et celui des tourillons contre leur encastrement, et nous en ferons abstraction, afin de ne pas trop compliquer nos calculs. En effet, ces forces seraient proportionnelles aux résultantes de E et F, et de T et S, ou à $\sqrt{E^2 + F^2}$ et $\sqrt{T^2 + S^2}$; d'où il résulterait qu'en y ayant égard, les équations du problème ne seraient plus linéaires par rapport à toutes les inconnues. En les négligeant, comme nous en convenons, la résultante de E et F sera normale à la surface de l'essieu, et passera par son axe, et la résultante de T et S coupera à angle droit la surface des tourillons, et passera aussi par leur axe, ce qui n'aurait pas lieu si l'on tenait compte des frottements contre ces surfaces.

Nous devons encore remarquer que la rotation du système autour de l'extrémité des crosses suppose que les roues sont soulevées et ne s'appuient plus contre le terrain : par conséquent il faudra supprimer la force R, lorsque la vitesse φ aura lieu, et ne conserver cette force que quand on supprimera cette vitesse. De même, on devra ne conserver qu'une seule des deux inconnues V et ω; car la rotation particulière de la pièce autour des tourillons exige que la culasse soit soulevée et ne s'appuie plus sur la vis de pointage. En faisant ainsi égales à zéro l'une des deux quantités R et φ et l'une des deux quantités V et ω, le nombre des inconnues que nous venons d'énumérer se trouvera réduit à neuf, et il suffira d'un pareil nombre d'équations pour les déterminer. Nous formerons néanmoins ces équations en conservant d'abord les quatre inconnues R, φ, V, ω; nous les appliquerons ensuite aux quatre suppositions qu'on pourra faire, savoir :

$$\varphi = 0 \text{ et } \omega = 0, \quad \varphi = 0 \text{ et } V = 0,$$
$$R = 0 \text{ et } \omega = 0, \quad R = 0 \text{ et } V = 0.$$

5. Nous aurons besoin, pour cela, d'une proposition qui se déduit facilement de la théorie connue des mouvements de rotation, et qu'il nous suffira d'énoncer.

Si une masse m tourne autour d'un axe fixe avec une vitesse angulaire ω; que l'on représente par mk^2 son moment d'inertie, rapporté à un axe passant par son centre de gravité et parallèle à l'axe de rotation; par x et y les coordonnées horizontale et verticale de ce centre, comptées dans un plan perpendiculaire à l'axe de rotation, à partir de leur intersection comme origine; par x' et y' les coordonnées du même centre, comptées dans les mêmes directions et dans le même plan que x et y, mais à partir d'une autre origine; les résultantes horizontale et verticale des quantités de mouvement de tous les points de m seront exprimées par $-my\omega$ et $mx\omega$; et la somme de leurs moments pris par rapport à un axe mené par la seconde origine, parallèlement à l'axe de rotation, aura pour valeur

$$(k^2 + xx' + yy')m\omega.$$

Quand ce second axe coïncidera avec celui de rotation, cette somme deviendra $(k^2 + d^2)m\omega$; d étant la distance du centre de gravité à cette droite. Quand l'axe de rotation, ou l'axe des moments, passera par ce centre, cette même somme se réduira à $k^2 m\omega$, quelque part que soit l'axe des moments dans le premier cas, ou l'axe de rotation dans le second. Les valeurs positives de y étant portées au-dessus de l'axe des x, on regarde dans ces formules la vitesse ω comme positive ou comme négative, selon qu'elle tend à élever ou à abaisser la partie de cet axe hori-

(13)

zontal sur laquelle sont comptées les valeurs positives de x.

En appliquant, par exemple, ces formules à la rotation du canon autour de l'axe mené par l'extrémité des crosses, et prenant les moments par rapport à l'axe des tourillons, il faudra faire

$$x = -a', \quad y = h', \quad x' = q,$$
$$y' = p, \quad \omega = -\varphi.$$

Les résultantes horizontale et verticale des quantités de mouvement de tous ses points seront $mh'\varphi$ et $ma'\varphi$, et la somme de leurs moments

$$-(k^2 - a'q + h'p)m\varphi.$$

De même, si l'on considère la rotation de la pièce autour de l'axe des tourillons, et qu'on prenne les moments par rapport à l'axe parallèle passant par l'extrémité des crosses, on fera

$$x = q, \quad y = p, \quad x' = -a', \quad y' = h';$$

d'où il résultera

$$-mp\omega \quad \text{et} \quad mq\omega$$

pour les résultantes horizontale et verticale des quantités de mouvement de tous ses points, et

$$(k^2 - a'q + h'p)m\omega$$

pour la somme de leurs moments.

6. Cela posé, les quantités de mouvement de tous les points du système, étant prises en sens contraire de leurs directions, doivent faire équilibre à la quantité de mouvement μ qui lui a été communiquée, et aux résistances $2N$, — $2fN$, $2R$, — $2fR$, qu'il éprouve à ses points d'appui sur le terrain. Égalant donc à zéro les sommes des composantes, soit horizontales, soit verticales, de toutes ces forces, et observant que celles de la force μ sont $\mu \cos \theta$ et — $\mu \sin \theta$, nous aurons

$$\mu \cos \theta - 2f(N + R) - X - hM\varphi + pm\omega = 0,$$
$$- \mu \sin \theta + 2(N + R) - aM\varphi - qm\omega = 0.$$

Prenant ensuite leurs moments par rapport à l'axe passant par les points de contact des crosses avec le terrain, et égalant à zéro la somme des moments des forces qui tendent à faire tourner le système autour de cette droite dans le sens de la force μ, moins la somme de ceux des forces qui tendent à le faire tourner dans le sens opposé, on trouve

$$\gamma\mu + 2bR - hX - (K^2 + a^2 + h^2)M\varphi$$
$$+ (k^2 - a'q + h'p)\, m\omega + 2k'^2 m'\psi = 0.$$

Les quantités de mouvement de tous les points de la pièce dues à la vitesse horizontale commune à tous les points du système auront pour résultante une force passant par le centre de gravité du canon, et qui sera à la force X comme sa masse m est à la masse M du système, c'est-à-dire égale à nX. Cette force et les quantités de mouvement des points du canon dues à ses rotations autour de l'axe passant par l'extrémité des crosses et autour de l'axe des tourillons, étant prises en sens contraire de leurs directions, feront équilibre à la quantité de mouvement μ qui a été communiquée à la pièce et aux résistances horizontale et verticale $V \sin \theta'$, $V \cos \theta' - 2T$, $- 2S$, qu'elle éprouve en s'appuyant sur la vis de pointage et sur l'encastrement des tourillons. Pour cet équilibre, il faudra qu'on ait

$$\mu \cos \theta + V \sin \theta' - 2T - nX - nh'M\varphi + pm\omega = 0,$$
$$- \mu \sin \theta + V \cos \theta' - 2S - na'M\varphi - qm\omega = 0,$$
$$\alpha\mu - lV - npX - n(k^2 - a'q + h'p)M\varphi + (k^2 + p^2 + q^2)m\omega = 0 ;$$

les moments étant pris, pour former la troisième équation, par rapport à l'axe des tourillons, ce qui fait disparaître ceux des forces T et S, dont la résultante passe par cet axe (n° 4).

En formant de même les trois équations nécessaires à l'équilibre des quantités de mouvement de tous les points de chaque roue, prises en sens contraire de leurs directions, et des résistances E, F, R, $- f$R, qu'elle éprouve à ses points de contact avec l'essieu et avec le terrain, on trouve

$$E - fR - \frac{1}{2} n'X - \frac{1}{2} n'r M\varphi = 0,$$

$$F + R - \frac{1}{2} n'b M\varphi = 0,$$

$$rfR - \frac{1}{2} n'k'^2 M\varphi + k'^2 m'\downarrow = 0;$$

les moments étant rapportés, dans la troisième équation, à l'axe de l'essieu, ce qui dispense d'avoir égard à ceux des forces E et F dont la résultante passe par cette droite.

Si l'on substitue la valeur de $k'^2 m'\downarrow$, tirée de la dernière équation de ce numéro, dans la troisième; que l'on retranche de celle-ci la première multipliée par h, et la seconde multipliée par a; et que l'on ait égard aux formules du n° **3**, on aura

$$\alpha\mu + 2 (b - fr)R - 2 (a - fh) (N + R) - (K^2 - n'k'^2) M\varphi$$
$$+ [k^2 - (a' - a) q + (h' - h) p] ma = 0;$$

équation que nous emploierons à la place de la troisième, dans les calculs suivants.

Telles seront les neuf équations qui serviront à déterminer les inconnues du problème, dans tous les cas qu'il présente, et que nous allons successivement examiner.

———

PREMIER CAS,

Dans lequel les roues restent en contact avec le terrain.

7. Dans ce cas, on aura

$$\varphi = 0;$$

et pour qu'il ait lieu, il faudra que la valeur de R soit positive, afin que les roues s'appuient contre le terrain, et ne soient pas soulevées.

Les dernières formules du numéro précédent donnent d'abord

$$E = f\mathrm{R} + \frac{1}{2} n'\mathrm{X},$$

$$\mathrm{F} = -\mathrm{R},$$

$$\psi = -\frac{f r\mathrm{R}}{m'k'^2};$$

équations qui feront connaître immédiatement les valeurs de E, F, ψ, dès que celles de X et R auront été déterminées. La valeur de ψ étant négative, il en résulte que le sens de la rotation initiale des roues sera tel que leurs points de derrière seront abaissés, et ceux de devant soulevés (n° 4).

En faisant aussi $\varphi = 0$ dans les autres équations

du numéro précédent, nous aurons

$$\mu \cos \theta - 2f(N + R) - X + pm\omega = 0,$$
$$-\mu \sin \theta + 2(N+R) - qm\omega = 0,$$
$$c\mu + 2(b - fr)R - 2(a - fh)(N + R)$$
$$+ [k^2 - (a' - a)q + (h' - h)p] m\omega = 0,$$
$$\mu \cos \theta + V \sin \theta' - 2T - nX + pm\omega = 0,$$
$$-\mu \sin \theta + V \cos \theta' - 2S - qm\omega = 0,$$
$$a\mu - lV - npX + (k^2 + p^2 + q^2)m\omega = 0.$$

Mais il faut maintenant observer que le cas que nous considérons se subdivise en deux autres, selon que la pièce tourne ou ne tourne pas autour des tourillons.

8. Si la pièce ne prend aucun mouvement de rotation, on aura $\omega = 0$, et il faudra que la valeur de V soit positive pour que la culasse s'appuie effectivement sur la vis de pointage. Les équations précédentes donneront alors

$$X = (\cos \theta - f \sin \theta)\mu,$$
$$R = -\frac{[c - (a - fh) \sin \theta]\mu}{2(b - fr)},$$
$$N = \frac{\{c + [b - a + f(h - r)] \sin \theta\}\mu}{2(b - fr)},$$
$$V = [a - np(\cos \theta - f \sin \theta)]\frac{\mu}{l},$$
$$T = \frac{1}{2} V \sin \theta' + \frac{1}{2}[(1 - n) \cos \theta + nf \sin \theta]\mu,$$
$$S = \frac{1}{2} V \cos \theta' - \frac{1}{2}\mu \sin \theta.$$

Comme on a $b > fr$, la valeur de R sera négative, et le cas que nous examinons impossible dans le tir horizontal; mais cette valeur pourra devenir positive pour une inclinaison suffisamment grande.

Lorsque les tourillons sont au-dessous de l'axe du canon, les quantités α et p sont positives (n° 3), et par suite la valeur de V l'est aussi ; quand, au contraire l'axe des tourillons sera au-dessus de celui de la pièce, cette valeur sera négative, et la pièce devra prendre un mouvement de rotation.

9. Dans ce dernier cas, on devra faire $V = 0$ dans les équations du n° 7, et la valeur de ω qu'on en déduira devra être positive pour que la culasse soit soulevée. Ces équations donneront dans cette hypothèse :

$$\omega = - \frac{[\alpha - np(\cos\theta - f\sin\theta)]\mu}{[k^2 + p^2(1-n) + q(q+nfp)]m},$$

$$X = (\cos\theta - f\sin\theta)\mu + (p - fq)]m\omega,$$

$$R = - \frac{[c-(a-fh)\sin\theta]\mu + [k^2 - q(a'-fh) + p(h'-h)]m\omega}{2(b-fr)},$$

$$N = \frac{\{c + [b-a+f(h-r)]\sin\theta\}\mu}{2(b-fr)}$$
$$+ \frac{\{k^2 + q[b-a'+f(h-r)] + p(h'-h)\}m\omega}{2(b-fr)},$$

$$T = \frac{1}{2}[(1-n)\cos\theta + nf\sin\theta]\mu + \frac{1}{2}[(1-n)p + nfq]m\omega,$$

$$S = - \frac{1}{2}\mu\sin\theta - \frac{1}{2}qm\omega,$$

en laissant, pour abréger, la lettre ω à la place de sa valeur dans les cinq dernières formules.

Il faudra que l'inclinaison θ soit plus grande que dans le cas précédent, pour que la condition R positive soit remplie. Quant à la valeur de ω, elle sera positive, et la pièce tournera en effet, lorsque les quantités α et p seront négatives, c'est-à-dire lorsque l'axe des tourillons sera au-dessus de celui de la pièce, ce qui s'accorde avec le numéro précédent.

Toutefois, à raison de la perte de fluide qui a lieu par la lumière, la pression sur la partie inférieure de l'âme l'emporte sur celle qu'éprouve la partie supérieure. Or, cet excès de pression, ainsi que le frottement des tourillons contre leur encastrement, dont nous n'avons pas non plus tenu compte, sont des obstacles à la rotation de la pièce, qui pourront empêcher la culasse de se détacher de la vis de pointage, lorsque l'axe du canon ne sera que très peu abaissé au-dessous de celui des tourillons.

DEUXIÈME CAS,

Dans lequel les roues se détachent du terrain.

10. Il faudra alors faire R $=$ o dans les formules du n° **6**; et pour que ce cas ait lieu, il sera nécessaire que la valeur de φ soit positive, comme ces formules le supposent.

Les trois dernières donnent d'abord

$$E = \frac{1}{2} n' (X + rM\varphi),$$

$$F = \frac{1}{2} n'bM\varphi,$$

$$\psi = \varphi,$$

ce qui fera connaître immédiatement les forces E et F et la vitesse ψ, aussitôt que les valeurs de X et φ auront été déterminées. La vitesse ψ étant positive, la rotation initiale des roues se fera de manière que les points de derrière seront élevés, c'est-à-dire en sens contraire de ce qui a lieu dans le cas où elles restent en contact avec le terrain.

En faisant $R = 0$ dans les autres équations du n° **6**, elles deviennent

$$\mu \cos\theta - 2f\mathrm{N} - X - hM\varphi + pm\omega = 0,$$
$$- \mu \sin\theta + 2\mathrm{N} - aM\varphi - qm\omega = 0,$$
$$c\mu - 2 (a - fh)\mathrm{N} - (\mathrm{K}^2 - n'k'^2)M\varphi$$
$$+ [k^2 - (a' - a) q + (h' - h)p]\, m\omega = 0:$$

nous n'écrivons pas celles qui contiennent V, T, S, parce qu'elles demeurent les mêmes que dans ce numéro.

Le second cas, dont il est maintenant question, se subdivise, comme le premier, en deux autres, eu égard à la rotation ou à la non-rotation de la pièce autour des tourillons.

11. Supposons en premier lieu que la pièce ne tourne pas. On fera $\omega = 0$, et il faudra que la valeur de V soit positive. Les équations précédentes donneront

$$\varphi = [c-(a-fh)\sin\theta]\,\frac{\mu}{\mathrm{MH}^2},$$

$$\mathrm{X} = (\cos\theta - f\sin\theta)\mu - (h+fa)[c-(a-fh)\sin\theta]\,\frac{\mu}{\mathrm{H}^2},$$

$$\mathrm{N} = \frac{1}{2}\mu\sin\theta + [c-(a-fh)\sin\theta]\,\frac{a\mu}{2\mathrm{H}^2},$$

en faisant, pour abréger,

$$\mathrm{K}^2 - n'k'^2 + a^2 - fah = \mathrm{H}^2.$$

Celles du n° **6** qui contiennent V, T, S, donnent ensuite

$$\mathrm{V} = [\alpha - np(\cos\theta - f\sin\theta)]\,\frac{\mu}{l}$$
$$- [k^2 - a'q + (h'-h-fa)p][c-(a-fh)\sin\theta]\,\frac{n\mu}{l\mathrm{H}^2},$$

$$\mathrm{T} = \frac{1}{2}\mathrm{V}\sin\theta' + \frac{1}{2}[(1-n)\cos\theta + nf\sin\theta]\mu$$
$$- (h'-h-fa)[c-(a-fh)\sin\theta]\,\frac{n\mu}{2\mathrm{H}^2},$$

$$\mathrm{S} = \frac{1}{2}\mathrm{V}\cos\theta' - \frac{1}{2}\mu\sin\theta - [c-(a-fh)\sin\theta]\,\frac{na'\mu}{2\mathrm{H}^2}.$$

La valeur de φ et celle de R du n° **8** étant de signes contraires, il s'ensuit que la condition φ positive sera remplie, puisque, par hypothèse, la condition R positive ne l'est pas.

A cause de la seconde partie de la valeur de V, il se pourra que cette valeur soit négative, quoique celles de α et p soient positives, c'est-à-dire qu'il pourra arriver que la culasse ne reste pas en contact avec la vis de pointage, quoique les tourillons soient au-dessous de l'axe de la pièce. Quand ils seront au-dessus, la condition V positive ne sera pas satisfaite, et la pièce tournera.

12. Supposons maintenant que la pièce ait, en effet, un mouvement particulier de rotation, indépendamment de celui du système entier. On fera alors

$$V = 0,$$

et le valeur de ω devra être positive. Les équations du n° **6** qui contiennent cette force V se réduiront à

$$\mu \cos\theta - 2T - nX - nh'M\varphi + pm\omega = 0,$$

$$- \mu \sin\theta - 2S - na'M\varphi - qm\omega = 0,$$

$$\alpha\mu - npX - n(k^2 - a'q + h'p)\,M\varphi$$

$$+ (k^2 + p^2 + q^2)\,m\omega = 0;$$

jointes à celles du n° **10**, on en déduit

$$\varphi = \left\{ \begin{array}{l} [c-(a-fh)\sin\theta]\,[k^2 + (1-n)p^2 + (q + nfp)q] \\ -[\alpha-np(\cos\theta-f\sin\theta)]\,[k^2-(a'-fh)q+(h'-h)p] \end{array} \right\} \frac{\mu}{\mathrm{DM}},$$

$$\omega = \left\{ \begin{array}{l} n[c-(a-fh)\sin\theta]\,[k^2-a'q + (h'-h-fa)p] \\ -[\alpha-np(\cos\theta-f\sin\theta)](\mathrm{K}^2-n'k'^2+ a^2-fah) \end{array} \right\} \frac{\mu}{\mathrm{D}m}.$$

$$\mathrm{X} = (\cos\theta - f\sin\theta)\,\mu - (h + fa)\,\mathrm{M}\varphi + (p - fq)\,m\omega,$$

$$\mathrm{N} = \frac{1}{2}\,\mu\sin\theta + \frac{1}{2}\,a\mathrm{M}\varphi + \frac{1}{2}\,qm\omega,$$

$$\mathrm{T} = \frac{1}{2}[(1-n)\cos\theta + nf\sin\theta]\mu - \frac{1}{2}(h'-h-fa)n\mathrm{M}\varphi$$

$$+ \frac{1}{2}[(1-n)p + nfq]\,m\omega,$$

$$\mathrm{S} = -\frac{1}{2}\,\mu\sin\theta - \frac{1}{2}\,na'\mathrm{M}\varphi - \frac{1}{2}\,qm\omega,$$

en faisant, pour abréger,

$$[\mathrm{K}^2-n'k'^2+a^2-fah]\,[k^2+(1-n)p^2+(q + nfp)q]$$

$$-n[k^2-(a'-fh)q+(h'-h)p]\,[k^2-a'q+(h'-h-fa)p]=\mathrm{D},$$

et conservant, aussi pour simplifier, les lettres φ et ω à la place de leurs valeurs dans les quatre dernières expressions.

Le dénominateur D sera, en général, une quantité positive; et les conditions φ et ω positives seront remplies lorsque la quantité $c - (a - fh)\sin\theta$ sera positive, et qu'en même temps α et p seront négatives, ce qui suppose l'axe des tourillons au-dessus de celui de la pièce : elles pourront encore être satisfaites dans d'autres cas, que l'on reconnaîtra par le calcul numérique des valeurs de ces vitesses φ et ω.

13. Voici présentement les observations les plus générales auxquelles ces diverses valeurs des percussions peuvent donner lieu, soit quand les roues sont soulevées, soit lorsqu'elles ne le sont pas.

Lorsqu'on diminue le poids de la pièce, la fraction n devient plus petite, et la fraction n' augmente; si l'on ne fait aucun autre changement au système, son centre de gravité s'éloignera de l'axe de la pièce, et la valeur de c sera plus grande. Or, l'inspection des formules que nous venons de donner, pour tous les cas que nous avons considérés, montre que ces variations de n, n', c, augmenteront généralement l'intensité des percussions que les différentes parties du système auront à supporter ; d'où il résulte que, toutes choses d'ailleurs égales, les pièces les plus légères sont celles qui doivent fatiguer le plus leurs affûts; ce qui est confirmé par l'observation.

En augmentant le poids des roues, on augmente la fraction n', et les percussions qui ont lieu aux extrémités de l'essieu en deviennent plus grandes; l'essieu souffre donc davantage quand les roues ont une masse plus considérable, ce qui est aussi conforme à l'expérience.

La valeur de E est toujours positive : cette composante horizontale agit donc sur la roue, dans le sens du recul, et sur l'essieu, dans le sens opposé (n° 4). Ainsi, l'effet du tir est de tendre à fléchir l'essieu horizontalement, en le rendant convexe du côté de la culasse; et, effectivement, après qu'on a tiré un grand nombre de coups, on trouve que l'essieu a pris, dans le sens horizontal, une courbure dont la convexité est tournée en arrière.

L'autre composante F est positive ou négative, selon que les roues sont soulevées, ou qu'elles demeurent en contact avec le terrain : elle agira donc sur les roues, en sens contraire de la gravité, dans le premier cas, et suivant la direction de la pesanteur, dans le second; et *vice versa* par rapport à l'essieu. Par conséquent l'effet du tir, dans le sens vertical, est de tendre à augmenter la convexité naturelle de l'essieu qui est tournée vers le haut, lorsque les roues sont soulevées, et, au contraire, de tendre à diminuer cette courbure, quand les roues restent appuyées sur le terrain. Toutefois, dans le premier cas, les roues, après avoir été soulevées, retombent sur la terre, et l'effet de ce choc en retour doit être de diminuer la convexité de l'essieu, que le choc direct avait augmentée. Il serait donc impossible de décider, *à priori*, si l'essieu doit devenir plus convexe ou moins convexe dans le sens vertical, après un grand nombre de coups. On a reconnu dans la pratique que sa convexité est toujours augmentée, ce qui peut venir de ce qu'il résiste moins, d'après sa construction, à se courber davantage qu'à se redresser ; mais un accroissement de convexité, tournée vers le haut, ne pouvant avoir lieu que dans le cas où les roues sont soulevées, on conclura du fait que nous venons de citer que ce cas est celui qui arrive le plus souvent, quoique le soulèvement des roues puisse être insensible à la vue : c'est aussi ce qui résulte de la condition relative au cas contraire (n° **8**), qui doit être rarement satisfaite dans le tir le plus ordinaire, où l'inclinaison de la pièce est peu considérable.

RÈGLES

POUR

CALCULER LA GRANDEUR

ET

LA DURÉE DU RECUL.

PREMIER CAS,

*Dans lequel les roues et les crosses demeurent
en contact avec le terrain.*

14. La détermination du recul est une question bien plus compliquée qu'elle ne le paraît d'abord. La principale difficulté qu'elle présente provient de ce que l'action du frottement des roues contre le terrain n'est pas la même pendant toute la durée du mouvement. La manière dont nous considérerons ce genre de forces, soit dans les percussions, soit dans les mouvements continus, pourra être utile dans d'autres occasions, et, par exemple, dans la théorie du tirage des voitures, qui n'a pas encore été donnée par les géomètres.

Ce problème est très différent selon que les roues sont ou ne sont pas soulevées; nous nous occuperons successivement de ces deux cas, en commençant par le plus simple, celui où les roues et les crosses restent en contact avec le terrain. Mais pour simplifier la question nous supposerons, dans ce premier cas et dans le second, que la culasse ne se sépare pas de la vis de pointage, et que l'une est attachée à l'autre, si cela est nécessaire, avec une force suffisante. Nous négligerons aussi, comme précédemment (n° 4), le frottement des roues contre l'essieu; et nous continuerons d'employer toutes les notations du n° 3.

15. Cela étant, désignons par P le poids du système entier, dont la masse est M, en sorte qu'en représentant à l'ordinaire par g la force accélératrice de la gravité, on ait

$$P = Mg.$$

Soient, à un instant quelconque, t le temps écoulé depuis l'origine du mouvement, et x la distance du centre de gravité du système à un plan fixe, perpendiculaire à la direction du recul : $\frac{dx}{dt}$ sera, à cet instant, la vitesse de translation commune à tous les points du système, et $M\frac{dx}{dt}$ la quantité de mouvement dans le sens horizontal, dont la valeur à l'origine est celle de X du n° 8. Donc en faisant $\mu = Mv$, c'est-à-dire en désignant par v la vitesse du projectile à la bouche du canon, diminuée dans le rapport de sa masse à celle du système entier (*), nous aurons

$$\frac{dx}{dt} = (\cos\theta - f\sin\theta)v,$$

quand $t = 0$. Le recul sera terminé dès que cette vitesse initiale aura été épuisée, et qu'on aura

$$\frac{dx}{dt} = 0.$$

Représentons au bout du temps t, par Q et Q′ les forces égales et contraires aux pressions de chaque crosse et de chaque roue contre le terrain ; les frottements aux mêmes points seront fQ et fQ', et la vitesse du recul n'étant jamais très grande, le coefficient f en sera indépendant, et devra être regardé comme constant pendant toute la durée du mouvement.

Soit encore, au même instant, u la vitesse angulaire commune à tous les points des roues ; sa valeur à l'origine sera celle de ψ du n° 7,

---

savoir :

$$\frac{[c - (a-fh)\sin\theta]\,frv}{(b-fr)\,n'k'^2},$$

d'après la valeur de R du numéro suivant.

A cette époque, la vitesse de rotation ru des points inférieurs des roues ne sera pas égale et contraire à leur vitesse de translation ; la seconde vitesse l'emportera sur la première, c'est-à-dire que l'on aura

$$\frac{dx}{dt} + ru > 0;$$

et cette inégalité subsistera pendant un certain temps. Or, tant qu'elle aura lieu, le frottement entier fQ' de chaque roue contre le terrain exercera toute son action; mais dès que ces deux vitesses seront devenues égales et contraires, ou qu'on aura

$$\frac{dx}{dt} = - ru;$$

une partie seulement de ce frottement subsistera, et son action entretiendra cette égalité jusqu'à la fin du mouvement. Nous exprimerons par ρ ce frottement partiel. Cette force agira dans le sens du recul, ou en sens contraire, selon qu'elle sera positive ou négative; mais il faudra toujours qu'abstraction faite du signe, on ait

$$\rho < fQ'.$$

16. Nous voyons par là qu'il sera nécessaire de distinguer deux intervalles de temps dans la durée du recul : l'un pendant lequel les roues glisseront et tourneront à la fois, tandis que dans l'autre le glissement aura disparu, et la vitesse absolue des points inférieurs sera constamment nulle. Dans le premier intervalle, les forces motrices de tous les points du système, prises en sens contraires de leurs directions, feront équilibre, à chaque instant, aux forces $2Q$, $2Q'-2fQ$, $-2fQ'$, et au poids P du système ; et pendant le second, elles feront équilibre à ces mêmes forces, à l'exception de $-2fQ'$, qu'il faudra remplacer par la force 2ρ, dont le rapport à la pression Q' est inconnu.

En ayant seulement égard aux mouvements de translation du système, les forces motrices de tous ses points auront pour résultante une force horizontale, passant par son centre de gravité et égale à $M\dfrac{d^2x}{dt^2}$; la somme des forces motrices de tous les points de chaque roue, dues à sa rotation autour de l'essieu, est égale à zéro, dans le sens horizontal et dans le sens vertical ; la somme de leurs moments sera exprimée par $m'k'^2\dfrac{du}{dt}$, quel que soit l'axe auquel ils sont rapportés (n° 5), les trois équations de l'équilibre dont il est question seront donc, pendant le premier intervalle de temps,

$$2fQ + 2fQ' + M \frac{d^2x}{dt^2} = 0,$$

$$2Q + 2Q' - P = 0,$$

$$aP - 2bQ' + hM \frac{d^2x}{dt^2} - 2m'k'^2 \frac{du}{dt} = 0;$$

les moments étant pris, dans la troisième, par rapport à la droite de contact des crosses avec le terrain.

Ces équations renferment les quatre inconnues Q, Q', x, u : il en faudra donc une de plus pour résoudre le problème. Nous l'obtiendrons en considérant les roues isolément, et formant l'une des équations d'équilibre de leurs quantités de mouvement infiniment petites, perdues à chaque instant, savoir, l'équation des moments rapportés à l'axe de l'essieu, qui sera alors

$$rfQ' + m'k'^2 \frac{du}{dt} = 0,$$

puisque nous négligeons le frottement des roues contre l'essieu.

Pendant le second intervalle de temps, on aura de même quatre équations qui se déduiront des précédentes, en remplaçant, dans la première et la dernière, la force $-fQ'$ par p, et faisant

$$u = -\frac{dx}{rdt}.$$

On aura, de cette manière,

$$2f\mathrm{Q} - 2\rho + \mathrm{M}\frac{d^2x}{dt^2} = 0,$$

$$2\mathrm{Q} + 2\mathrm{Q}' - \mathrm{P} = 0,$$

$$a\mathrm{P} - 2b\mathrm{Q}' + \left(h + \frac{n'k'^2}{r}\right)\mathrm{M}\frac{d^2x}{dt^2} = 0,$$

$$2r\rho + \frac{n'k'^2}{r}\mathrm{M}\frac{d^2x}{dt^2} = 0;$$

et les quatre inconnues seront Q, Q', ρ, x.

17. On tire des quatre premières équations :

$$\mathrm{Q} = \frac{[b - a + f(h - r)]\,\mathrm{P}}{2\,(b - fr)},$$

$$\mathrm{Q}' = \frac{(a - fh)\,\mathrm{P}}{2\,(b - fr)},$$

$$\frac{d^2x}{dt^2} = -fg,$$

$$\frac{du}{dt} = -\frac{fgr\,(a - fh)}{n'k'^2\,(b - fr)}.$$

En intégrant les deux dernières formules et ayant égard aux valeurs de $\frac{dx}{dt}$ et de u, qui ont lieu quand $t = 0$, il vient

$$\frac{dx}{dt} = (\cos\theta - f\sin\theta)\,v - fgt,$$

$$u = \{[c - (a - fh)\sin\theta]\,v - (a - fh)gt\}\,\frac{fr}{n'k'^2(b - fr)}.$$

Soit t_1 le temps écoulé lorsqu'on aura $u = -\dfrac{dx}{rdt}$, ou la durée du premier intervalle, nous aurons

$$t_1 = (\cos\theta - f\sin\theta)(b - fr)\,n'k'^2 + [c - (a - fh)\sin\theta]\,fr^2]\dfrac{v}{\mathrm{D}fg},$$

et, pour la vitesse à la fin de cet intervalle,

$$\frac{dx}{dt} = [(a - fh)\cos\theta - fc]\,\frac{r^2 v}{\mathrm{D}},$$

en faisant, pour abréger,

$$(b - fr)\,n'k'^2 + (a - fh)r^2 = \mathrm{D}.$$

Si l'on désigne par x_1 la longueur du recul pendant le temps t_1, on aura, par une seconde intégration,

$$x_1 = (\cos\theta - f\sin\theta)\,vt_1 - \frac{fgt_1^2}{2},$$

où il n'y aura plus qu'à mettre pour t_1 sa valeur précédente.

Les quatre dernières équations du numéro précédent donnent

$$\mathrm{Q} = (b - a)(r^2 + n'k'^2)\,\frac{\mathrm{P}}{2\mathrm{D}'},$$

$$\mathrm{Q}' = [(a - fh)r^2 + (a - fr)n'k'^2]\frac{\mathrm{P}}{2\mathrm{D}'},$$

$$\mathrm{P} = \frac{(b - a)fn'k'^2\mathrm{P}}{2\mathrm{D}'},$$

$$\frac{d^2x}{dt^2} = -\frac{(b - a)fgr^2}{\mathrm{D}'},$$

où l'on a fait, pour abréger,

$$(b - fh)\, r^2 + (b - fr)\, n'k'^2 = \mathrm{D}',$$

A cause que $b - a$ est une petite partie de b, ρ est aussi une petite partie de $\frac{1}{2}f\mathrm{P}$, et Q' diffère peu de $\frac{1}{2}\mathrm{P}$, de sorte que la condition $\rho < f\mathrm{Q}'$ se trouve remplie.

Si l'on intègre la dernière formule, et qu'on ait égard à la valeur de $\frac{dx}{dt}$, qui répond à la fin du premier intervalle ou à $t = t_{\text{\tiny 1}}$, on aura

$$\frac{dx}{dt} = [(a - fh)\cos\theta - fc]\,\frac{r^2 v}{\mathrm{D}} - \frac{(b - a)\,r^2 fg\,(t - t_{\text{\tiny 1}})}{\mathrm{D}'},$$

pour toutes les valeurs de t qui surpassent $t_{\text{\tiny 1}}$. En supposant donc qu'on ait $t = t_{\text{\tiny 1}} + t_{\text{\tiny 2}}$, à la fin du recul, ou quand $\frac{dx}{dt} = 0$, nous en conclurons

$$t_{\text{\tiny 2}} = \frac{\mathrm{D}'}{\mathrm{D}} \cdot \frac{[(a - fh)\cos\theta - fc]\,v}{(b - a)\,fg}.$$

Désignant ensuite par $x_{\text{\tiny 2}}$ la longueur du recul pendant le temps $t_{\text{\tiny 2}}$, nous aurons cette expression

$$x_{\text{\tiny 2}} = \frac{[(a - fh)\cos\theta - fc]\,r^2 v t_{\text{\tiny 2}}}{\mathrm{D}} - \frac{(b - a)\,r^2 fg\, t_{\text{\tiny 2}}^2}{2\mathrm{D}'},$$

dans laquelle il faudra substituer pour t_2 sa valeur précédente.

La durée totale du recul et sa longueur entière, qu'il s'agissait de déterminer, seront $t_1 + t_2$ et $x_1 + x_2$. On devra se souvenir que ces formules ne sont pas applicables au cas du tir horizontal, et qu'elles supposent la quantité $(a - fh)\sin\theta - c$ positive ou nulle (n° 8).

———

DEUXIÈME CAS,

Dans lequel les roues et les crosses sont soulevées alternativement.

18. Dans le cas du numéro **10**, où les roues sont détachées du sol par l'action de la poudre, elles sont d'abord soulevées jusqu'à une certaine hauteur, puis elles retombent et viennent frapper le terrain. L'effet de ce choc est, en général, d'imprimer au système un mouvement de rotation autour de l'essieu : les crosses sont soulevées; elles retombent à leur tour sur le terrain; ce nouveau choc soulève une seconde fois les roues; et ainsi de suite. Pendant la durée du recul, et même après qu'il est fini, le système tourne donc alternativement autour de l'extrémité des crosses et autour de l'essieu : de sorte que la question qu'il s'agit maintenant de résoudre consiste à déterminer la durée de chacune de ces rotations successives, la longueur du recul qui lui correspond, et les effets du choc qui la termine ; effets qu'il est nécessaire de connaître aussi bien que ceux de l'action immédiate de la poudre, pour juger de tous les efforts auxquels les différentes parties du système devront être capables de résister.

19. Relativement à la première rotation, nous représenterons, comme plus haut, par x la distance, au bout du temps t, du centre de gravité du système à un plan fixe, perpendiculaire à la direction du recul, et passant par la position initiale de ce point ; nous désignerons, au même instant, par z l'angle décrit par ce même point autour de l'axe passant par les extrémités des crosses ; par u la vitesse angulaire des roues due à leur rotation autour de l'essieu ; par Z la force égale et contraire à la pression exercée par chaque crosse contre le terrain, et par conséquent, par fZ le frottement au même point. La vitesse de translation du système et sa vitesse angulaire de rotation seront, à un instant quelconque, $\frac{dx}{dt}$ et $\frac{dz}{dt}$; leurs valeurs initiales et celle de u résulteront des n^{os} **10** et **11** ; en sorte que, pour

$t = 0$, nous aurons

$$\frac{dz}{dt} = \varphi, \quad u = \varphi,$$

$$\frac{dx}{dt} = (\cos\theta - f\sin\theta)\, v - (h + fa)\, \varphi,$$

en faisant toujours $\mu = Mv$, et conservant la lettre φ à la place de sa valeur, savoir :

$$\varphi = \frac{[c - (a - fh)\sin\theta]\, v}{K^2 - n'k'^2 + a^2 - fah}.$$

Si l'angle z pouvait devenir un peu considérable, les valeurs de x et des autres inconnues du problème en fonctions de t ne pourraient s'exprimer que par des séries très compliquées : c'est pourquoi nous supposerons cet angle constamment très petit, ce qui est d'ailleurs conforme à l'expérience, et nous bornerons l'approximation au premier terme de chacune de ces valeurs en séries.

20. Pendant cette première rotation, les forces motrices de tous les points du système, dues aux mouvements de translation et de rotation, et prises en sens contraire de leurs directions, devront faire équilibre à son poids P, et aux forces verticale et horizontale $2Z$ et $-2fZ$, appliquées à l'extrémité des crosses. L'angle z étant supposé très petit, on pourra, dans l'expression de ces forces motrices et de leurs moments, regarder les coordonnées horizontale et verticale du centre de gravité du système, comptées de cette extrémité, comme constantes et égales à a et h, qui sont leurs valeurs initiales. D'après cela les trois équations nécessaires à cet équilibre, formées de la même manière que les trois premières équations du n° **6**, seront

$$2fZ + M\,\frac{d^2x}{dt^2} + hM\,\frac{d^2z}{dt^2} = 0,$$

$$2Z - P - aM\,\frac{d^2z}{dt^2}$$

$$aP + hM\,\frac{d^2x}{dt^2} + (K^2 + a^2 + h^2)M\,\frac{d^2z}{dt^2} - 2m'k'^2\,\frac{du}{dt} = 0;$$

les moments étant pris, dans la troisième équation, par rapport à l'axe de rotation.

Si l'on considère de même, à un instant quelconque, l'équilibre des quantités de mouvement infiniment petites, perdues par tous les points de chaque roue, l'une des trois équations nécessaires à cet équilibre sera

$$m'k'^2\,\frac{du}{dt} - m'k'^2\,\frac{d^2z}{dt^2} = 0,$$

en faisant toujours abstraction du frottement contre l'essieu. Les deux autres serviraient à déterminer les pressions horizontale et verticale que supportent les extrémités de l'essieu, et dont la connaissance serait inutile à la solution de notre problème. Cette équation est celle des moments que l'on a pris par rapport à l'axe de l'essieu, afin de rendre nuls ceux du poids de la roue et de la force horizontale due à son mouvement de translation. En supprimant le facteur $m'k'^2$, intégrant et observant que la valeur initiale de u est la même que celle de $\frac{dz}{dt}$, nous aurons, pendant toute la durée de la première rotation,

$$u = \frac{dz}{dt}.$$

Les équations précédentes donnent ensuite

$$Z = \frac{1}{2} P - \frac{a(a - fh)P}{2H^2},$$

$$\frac{d^2z}{dt^2} = - \frac{(a - fh)g}{H^2},$$

$$\frac{d^2x}{dt^2} = - fg + \frac{(h + fa)(a - fh)g}{H^2},$$

où l'on a fait, comme dans le n° **11**,

$$K^2 - n'k'^2 + a^2 - fah = H^2.$$

En ayant égard aux valeurs initiales de $\frac{dz}{dt}$ et $\frac{dx}{dt}$, et intégrant les deux dernières formules, on aura

$$\frac{dz}{dt} = \frac{[c - (a - fh)\sin\theta]\,v - (a - fh)\,gt}{\mathrm{H}^2},$$

$$\frac{dx}{dt} = (\cos\theta - f\sin\theta)v - fgt$$
$$+ \frac{\{(a - fh)\,gt - [c - (a - fh)\sin\theta]\,v\}(h + fa)}{\mathrm{H}^2},$$

et, par une seconde intégration, on obtiendra les valeurs de x et z.

L'angle z croîtra jusqu'à ce qu'on ait $\dfrac{dz}{dt} = 0$; il décroîtra ensuite pendant un temps égal à celui de son accroissement, après lequel il sera redevenu nul, et la première rotation sera achevée. En désignant donc sa durée totale par s, nous aurons

$$s = \frac{2\,[c - (a - fh)\sin\theta]\,v}{(a - fh)\,g}.$$

Les valeurs de $\dfrac{dz}{dt}$ et de u, à la fin de cette rotation, seront égales et de signes contraires à leurs valeurs initiales, c'est-à-dire égales à $-\varphi$. En même temps, la valeur de $\dfrac{dx}{dt}$ sera

$$\frac{dx}{dt} = \left(\cos\theta + f\sin\theta - \frac{2fc}{a - fh} + \frac{[c - (a - fh)\sin\theta]\,(h + fa)}{\mathrm{H}^2} \right)v.$$

Enfin, si l'on appelle y la valeur de x, qui répond à $t = s$, ou la longueur du recul pendant la première rotation, on aura

$$y = \frac{2\,[(a - fh)\cos\theta - fc]\,[c - (a - fh)\sin\theta]\,v^2}{(a - fh)^2\,g}.$$

21. Le choc des roues contre le terrain, qui terminera cette première rotation, détruira la vitesse $-\varphi$ dont tous les points du système seront animés à cet instant; en même temps les crosses seront soulevées, et le système prendra un nouveau mouvement de rotation, qui aura lieu autour de l'axe de l'essieu, et dont nous représenterons la vitesse angulaire initiale par φ'. Nous représenterons également les percussions qu'éprouveront les différentes parties du système par les mêmes lettres que dans le n° 4, avec un accent supérieur. Ainsi, R' désignera la percussion qui aura lieu au point le plus bas de chaque roue; E' et F' exprimeront les composantes horizontale et verticale de la percussion exercée à l'endroit où chaque roue est traversée par l'essieu; T' et S' seront les composantes, dans les mêmes sens, de la percussion qu'éprouvera l'encastrement de chaque tourillon, et V' exprimera la percussion sur la vis de pointage, le tout comme dans le numéro cité.

A cause de la mobilité des roues autour de l'essieu, le choc leur imprimera une vitesse angulaire différente de la vitesse φ' qu'elles prendraient si elles étaient enrayées. Nous la représenterons par $\varphi' + \psi'$; en sorte que, $-\varphi$ étant, comme on vient de le voir, la vitesse des roues autour de l'essieu à la fin de la première rotation, ou immédiatement avant le choc, $-\varphi + \varphi' + \psi'$ sera leur vitesse autour du même axe, immédiatement après, ou au commencement de la seconde rotation.

Enfin, le choc dont nous voulons déterminer les effets imprimera à tous les points du système un accroissement de vitesse de translation. Nous représenterons par X' la résultante des quantités de mouvement due à cette addition de vitesse : cette résultante sera une force horizontale, passant par le centre de gravité du système.

Il s'agira donc de déterminer les neuf inconnues φ', R', E', F', T', S', V', X', ψ', d'après la valeur de la vitesse φ, citée plus haut (n° **19**).

Pour cela, observons que l'équilibre doit exister, soit dans le système entier, soit par rapport à la pièce, ou à chaque roue isolément, entre les quantités de mouvement de tous leurs points, dues à la vitesse $-\varphi$ et détruites par le choc; celles que le choc leur imprimera et qui devront être prises en sens contraires de leurs directions; et les résistances R', E', etc. Or, il est aisé de voir que les équations relatives à ces équilibres se déduiront de celles du n° **6**, en y supprimant les forces μ et N, ainsi que la vitesse ω, puisqu'on ne suppose aucune rotation particulière de la pièce autour des tourillons; en accentuant les lettres R, E, F, T, S, V, X, ψ; conservant sans changement les termes qui contiennent la lettre φ; et ajoutant ceux qui doivent résulter de la vitesse φ', prise en sens contraire de sa direction.

Les sommes des quantités de mouvement dues à cette dernière vitesse angulaire, qui a lieu autour de l'axe de l'essieu, et la somme de leurs moments rapportés à un axe quelconque, s'obtiendront facilement au moyen de la proposition du n° 5. S'il est question, par exemple, du système entier, les résultantes horizontale et verticale des quantités de mouvement de tous les points seront exprimées par

$$- (h - r)\, \mathrm{M}\varphi' \quad \text{et} \quad (b - a)\, \mathrm{M}\varphi';$$

et la somme de leurs moments, par rapport à l'axe passant par les extrémités des deux crosses, aura pour valeur

$$[\mathrm{K}^\bullet - a(b - a) + h(h - r)]\, \mathrm{M}\varphi';$$

ce qui résulte de ce que les coördonnées du centre de gravité du système sont $h - r$ et $b - a$, ou h et $- a$, selon qu'elles sont comptées à partir de l'axe de rotation, ou à partir de celui des moments, dans un plan perpendiculaire à ces deux droites.

De cette manière, nous aurons pour les neuf équations du problème proposé :

$$- 2fR' - X' - hM\varphi + (h - r)M\varphi' = 0,$$

$$2R' - aM\varphi - (b - a)M\varphi' = 0,$$

$$2bR' - hX' - (K^2 + a^2 + h^2)M\varphi + 2m'k'^2\psi'$$
$$+ [K^2 - a(b-a) + h(h-r)]M\varphi' = 0,$$

$$V'\sin\theta' - 2T' - nX' - nh'M\varphi + n(h' - r)M\varphi' = 0,$$

$$V'\cos\theta' - 2S' - na'M\varphi - n(b - a')M\varphi' = 0,$$

$$- lV' - npX' - n(k^2 - a'q + h'p)M\varphi$$
$$+ n[k^2 + (b - a')q + (h' - r)p]M\varphi' = 0,$$

$$E' - fR' - \frac{1}{2}n'X' - \frac{1}{2}n'rM\varphi = 0,$$

$$F' + R' - \frac{1}{2}n'b\,M\varphi = 0,$$

$$rfR' - \frac{1}{2}n'k'^2M\varphi + m'k'^2\psi' + \frac{1}{2}n'k'^2M\varphi' = 0.$$

Les valeurs des inconnues qu'on déduira de ces équations pourront être positives ou négatives, à l'exception de celles de φ' et R', qui devront nécessairement être positives.

22. En résolvant ces neuf équations, et faisant,

pour abréger,

$$\mathrm{K}^2 - n'k'^2 + (b-a)^2 + f(b-a)(h-r) = \mathrm{H}'^2,$$

on trouve

$$\phi' = \varphi - [b - a + f(h - r)]\frac{b\varphi}{\mathrm{H}'^2},$$

$$\mathrm{X}' = -(r+fb)\mathrm{M}\varphi - [h-r-f(b-a)][b-a+f(h-r)]\frac{b\mathrm{M}\varphi}{\mathrm{H}'^2},$$

$$\mathrm{R}' = \frac{1}{2}(\mathrm{K}^2 - n'k'^2)\frac{b\mathrm{M}\varphi}{\mathrm{H}'^2},$$

$$\mathrm{V}' = \left\{ q+fp - \frac{[b-a+f(h-r)]}{\mathrm{H}'^2}[k^2+(h'-h)p-(a'-a)q+(q+fp)(b-a)] \right\}\frac{nb\mathrm{M}\varphi}{l},$$

$$\mathrm{T}' = \frac{1}{2}\mathrm{V}'\sin\theta' + \frac{1}{2}\left\{ f(\mathrm{K}^2-n'k'^2)(h'-h)[b-a+f(h-r)] \right\}\frac{nb\mathrm{M}\varphi}{\mathrm{H}'^2},$$

$$\mathrm{S}' = \frac{1}{2}\mathrm{V}'\cos\theta' - \frac{1}{2}\left\{ \mathrm{K}^2 - n'k'^2 + (a'-a)[b-a+f(h-r)] \right\}\frac{nb\mathrm{M}\varphi}{\mathrm{H}'^2},$$

$$\mathrm{E}' = \frac{1}{2}\left\{ f(1-n')(\mathrm{K}^2-n'k'^2) - n'(h-r)[b-a+f(h-r)] \right\}\frac{b\mathrm{M}\varphi}{\mathrm{H}'^2},$$

$$\mathrm{F}' = -\frac{1}{2}\left\{ (1-n')(\mathrm{K}^2-n'k'^2) - n'(b-a)[b-a+f(h-r)] \right\}\frac{b\mathrm{M}\varphi}{\mathrm{H}'^2},$$

$$\psi' = -[fr\mathrm{K}^2 - n'k'^2(b-a+fh)]\frac{b\varphi}{n'k'^2\mathrm{H}'^2},$$

où il ne restera plus qu'à substituer la valeur de φ du n° **19**.

La valeur de R' est évidemment positive. Celle de φ' le sera aussi, en général, à cause de la petitesse de la partie négative qu'elle renferme;

si cependant elle était négative dans un cas particulier, cela signifierait que les crosses ne sont pas soulevées : en sorte qu'il faudrait supprimer φ' dans les équations du numéro précédent, et y introduire une force N' qui exprimerait la percussion que chacune des deux crosses éprouverait, et dont la valeur devrait être positive.

On peut aussi remarquer que la valeur de V' pourra être négative, quoique les tourillons soient au-dessous de l'axe de la pièce, et que la valeur de V du n° **11** soit positive : d'où il résulte que le choc des roues contre le terrain pourra quelquefois soulever la culasse, si elle n'est pas attachée à la vis de pointage, et faire tourner la pièce autour des tourillons, lors même que cela n'aurait pas eu lieu par l'effet immédiat du tir.

23. Après ce choc des roues contre le terrain, la seconde rotation commencera autour de l'essieu avec la vitesse angulaire φ'. En même temps, la vitesse de translation du système sera la valeur finale de $\frac{dx}{dt}$ du n° **20**, augmentée de la quantité $\frac{X'}{M}$: sa valeur sera donc connue, et nous la représenterons, pour abréger, par v'. La vitesse angulaire des roues, au même instant, sera $-\varphi + \varphi' + \psi'$, comme on l'a dit plus haut;

nous désignerons par ε', la partie $-\varphi + \psi'$, dont elle diffère de la vitesse φ' commune à tous les points du système ; et, d'après le numéro précédent, nous aurons

$$\varphi + \,'\varepsilon' = -(K^a - n'k'^a)\,\frac{f\,br\varphi}{n'k'^2H'^2}.$$

Au bout du temps t compté de l'origine du mouvement, nous représenterons, pendant cette seconde rotation, par x' la distance du centre de gravité du système à un plan fixe, perpendiculaire à la direction du recul; par z' l'angle décrit par ce point autour de l'axe de l'essieu, et par u' la vitesse angulaire de rotation particulière aux points des roues. Les vitesses de translation et de rotation communes à tous les points du système seront $\frac{dx'}{dt}$ et $\frac{dz'}{dt}$; et l'on aura

$$\frac{dx'}{dt} = v', \quad \frac{dz'}{dt} = \varphi', \quad u' = \varepsilon',$$

pour $t = s$, la valeur de s étant donnée par le n° **20**.

Soit encore, au bout du temps t, Z' la force égale et contraire à la pression que chaque roue exerce contre le terrain; fZ' sera le *maximum* du frottement qui aura lieu au même point. Or, au commencement de la seconde rotation, la vitesse de translation l'emportera généralement sur la vitesse de rotation : par conséquent le frottement fZ' aura tout son effet, et cette force agira en sens contraire du recul, du moins pendant une partie du temps que durera cette rotation.

D'après cela les forces motrices de tous les points du système, dues aux mouvements de translation et de rotation, et prises en sens contraire de leurs directions, feront équilibre à son poids, et aux forces verticale et horizontale $2Z'$ et $-2fZ'$ qui agissent aux points inférieurs des roues. Pour cet équilibre, il faudra qu'on ait les trois équations

$$- 2fZ' - M\frac{d^2x'}{dt^2} + (h - r)\,M\frac{d^2z'}{dt^2} = 0,$$

$$2Z' - P - (b - a)\,M\frac{d^2z'}{dt^2} = 0,$$

$$2bZ' - aP - hM\frac{d^2x'}{dt^2} + [K - a(b-a) + h(h-r)]\,M\frac{d^2z'}{dt^2}$$

$$+ 2m'k'^2\frac{du'}{dt} = 0;$$

les moments étant pris, dans la troisième, par rapport à la droite menée par les points de contact des crosses avec le terrain, quoique cette droite ne soit pas l'axe de rotation. Nous supposons ici, comme dans le n° **20**, l'angle décrit par le centre de gravité du système autour de l'axe de rotation, constamment très petit, de sorte que les coordonnées horizontale et verticale de ce centre, et celles de l'extrémité des crosses, comptées à partir de l'essieu, sont sensiblement constantes et égales à leurs valeurs initiales.

Les forces motrices de tous les points de chaque roue, prises en sens contraire de leurs directions, feront équilibre à son poids et aux forces Z' et $-fZ'$; prenant donc les moments par rapport à l'axe de l'essieu, ce qui fait disparaître ceux du poids et de Z', nous aurons

$$rfZ' + \frac{1}{2} n'k'^2 M \left(\frac{d^2 z'}{dt^2} + \frac{du'}{dt} \right) = 0,$$

pour l'une des trois équations nécessaires à cet équilibre; les deux autres, que nous nous dispensons d'écrire, serviraient à déterminer les pressions horizontale et verticale aux extrémités de l'essieu.

24. On tire des quatre équations précédentes

$$Z' = \frac{1}{2} P - (b-a) [b-a+f(h-r)] \frac{P}{2H'^2},$$

$$\frac{d^2 x'}{dt^2} = -fg - [h-r-f(b-a)][b-a+f(h-r)] \frac{g}{H'^2},$$

$$\frac{d^2 z'}{dt^2} = - [b-a+f(h-r)] \frac{g}{H'^2},$$

$$\frac{du'}{dt} + \frac{d^2 z'}{dt^2} = - \frac{(K'-n'k'^2)rfg}{n'k^2 H'^2};$$

la quantité H'^2 étant la même que dans le n° **22**.

Si la vitesse absolue du point le plus bas de chaque roue ne devient pas nulle pendant la durée de la rotation que nous considérons, ces formules s'appliqueront à la rotation toute entière. L'intégration des trois dernières fera connaître, à un instant quelconque, les valeurs de x' et z' et des vitesses $\dfrac{dx'}{dt}$, $\dfrac{dz'}{dt}$, u', d'après leurs valeurs initiales, ou correspondantes à $t = s$; on aura, par exemple,

$$\frac{dx'}{dt} = v' - fg(t-s) - [h-r-f(b-a)][b-a+f(h-r)]\frac{g(t-s)}{H'^2},$$

$$\frac{dz'}{dt} = \varphi' - [b-a+f(h-r)]\frac{g(t-s)}{H'^2},$$

$$u' + \frac{dz'}{dt} = \iota' + \varphi' - \frac{(K^2-n'k'^2)rfg(t-s)}{n'k'^2 H'^2},$$

L'angle z' croîtra et décroîtra pendant des temps égaux entre eux et à la moitié de la durée totale de la rotation; et si l'on appelle s' cette durée, on aura

$$s' = \frac{2\varphi' H'^2}{[b-a+f(h-r)]g}.$$

A la fin de la rotation, la vitesse angulaire

$\frac{dz'}{dt}$ sera $-\varphi'$, c'est-à-dire égale et de signe contraire à ce qu'elle était au commencement. Les vitesses $\frac{dx'}{dt}$ et u' auront pour valeurs finales

$$\frac{dx'}{dt} = v' - \frac{2\mathrm{H}'^2 f\varphi'}{b-a+f(h-r)} - 2[h-r-f(b-a)]\varphi',$$

$$u' = \varepsilon' + 2\varphi' - \frac{2(\mathrm{K}^2-n'k'^2)fr\varphi'}{n'k'^2[b-a+f(h-r)]}.$$

Désignons enfin par γ' la grandeur du recul pendant la seconde rotation, et supposons que le plan fixe d'où la distance x' est comptée, soit la position du centre de gravité du système à la fin de la première, de sorte qu'on ait $x' = 0$ quand $t = s$, et $x' = \gamma'$ quand $t = s + s'$; la valeur de γ' sera

$$\gamma' = \frac{2\mathrm{H}'^2\varphi'}{[b-a+f(h-r)]g}\left\{v' - \frac{\mathrm{H}'^2 f\varphi'}{b-a+f(h-r)} - [h-r-f(b-a)]\varphi'\right\}.$$

Mais il n'en sera plus de même, lorsque la vitesse absolue du point de contact de chaque roue avec le terrain, deviendra nulle avant la fin de la rotation. Or, cette vitesse à un instant quelconque est $\frac{dx'}{dt} + r\left(\frac{dz'}{dt} + u'\right)$; sa valeur sera par conséquent, d'après les formules précédentes,

$$\frac{dx'}{dt} + r\left(\frac{dz'}{dt} + u'\right) = v' + r(\varphi' + \epsilon')$$
$$- \left\{ \begin{array}{l} n'k'^2[h-r-f(b-a)][b-a+f(h-r)] \\ + f[(K^2-n'k'^2)r^2+n'k'^2H'^2] \end{array} \right\} \frac{g(t-s)}{n'k'^2H'^2}.$$

Le coefficient de t dans cette expression étant une quantité négative, cette vitesse diminuera continuellement; et si l'on désigne par $s + s_i$ la valeur de t qui aura lieu quand elle sera nulle, on aura

$$s_i = \frac{n'k'^2H'^2[v' + r(\varphi'+\epsilon')]}{\left\{ f[(K^2-n'k'^2)r^2+n'k'^2H'^2]+n'k'^2[h-r-f(b-a)][b-a+f(h-r)] \right\}g}.$$

On comparera donc cette valeur de s_i à celle de s' : si l'on a $s' < s_i$, la vitesse du point le plus bas de chaque roue ne sera pas nulle avant la fin de la rotation, et les formules précédentes subsisteront pendant toute sa durée; si, au contraire, on a $s' > s_i$, ces formules ne subsisteront que pendant une partie de la rotation, savoir : depuis $t = s$ jusqu'à $t = s + s_i$.

25. Dans ce dernier cas, ces formules donneront, pour la fin du temps $s + s_i$, les vitesses

$$\frac{dx'}{dt} = v' - fgs_i - [h-r-f(b-a)][b-a+f(h-r)]\frac{gs_i}{H'^2},$$
$$\frac{dz'}{dt} = \varphi' - [b-a+f(h-r)]\frac{gs_i}{H'^2}.$$

Si l'on représente, en outre, par x_i et z_i les valeurs de x' et z' au même instant, on aura

$$x_i = v's_i - \frac{1}{2} fgs_i^2 - [h - r - f(b - a)][b - a + f(h - r)] \frac{gs_i^2}{2H'^2},$$

$$z_i = \varphi's_i - [b - a + f(h - r)] \frac{gs_i^2}{2H'^2};$$

et, de cette manière, l'état du système à l'instant où les points inférieurs des roues ont perdu
toute leur vitesse absolue, sera complétement
déterminé.

A partir de ce moment, le frottement des
roues contre le terrain n'exercera plus son action entière; une partie seulement de cette force
maintiendra, jusqu'à la fin de la rotation, la vitesse absolue de leurs points inférieurs égale à
zéro; nous désignerons, comme dans le n° **15**,
ce frottement partiel par ρ. Cette force agira
dans le sens du recul ou dans le sens opposé,
selon que sa valeur sera positive ou négative; et
il faudra qu'on ait $\rho < fZ'$, abstraction faite
du signe.

Pendant cette deuxième partie de la seconde
rotation, les équations d'équilibre des quantités
de mouvement infiniment petites, perdues ou
gagnées à chaque instant, se formeront d'après
celles du n° **23**, en y remplaçant la force $- fZ'$
par ρ; en sorte que nous aurons ces quatre

équations :

$$2p - M\frac{d^2x'}{dt^2} + (h-r)\,M\frac{d^2z'}{dt^2} = 0,$$

$$2Z' - P - (b-a)\,M\frac{d^2z'}{dt^2} = 0,$$

$$2bZ' - aP - hM\frac{d^2x'}{dt^2} + \left[K^2 - a(b-a) + h(h-r)\,M\frac{d^2z'}{dt^2}\right.$$

$$\left. + n'k'^2 M\frac{du'}{dt} = 0,\right.$$

$$- rp + \frac{1}{2}\,n'k'^2 M\left(\frac{d^2z'}{dt^2} + \frac{du'}{dt}\right) = 0,$$

auxquelles il faudra joindre celle-ci :

$$\frac{d^2x'}{dt^2} + r\left(\frac{d^2z'}{dt^2} + \frac{du'}{dt}\right) = 0,$$

qui résulte de ce que la vitesse $\dfrac{dx'}{dt} + r\left(\dfrac{dz'}{dt} + u'\right)$ du point le plus bas de chaque roue est supposée constamment nulle.

On en déduit

$$p = \frac{n'k'^2\,(h-r)\,(b-a)\,P}{2D^2},$$

$$Z' = \frac{1}{2}P - \frac{(r^2 + n'k'^2)\,(b-a)^2 P}{2D^2},$$

$$\frac{d^2x'}{dt^2} = -\frac{r^2\,(h-r)\,(b-a)\,g}{D^2},$$

$$\frac{d^2z'}{dt^2} = -\frac{(r^2 + n'k'^2)\,(b-a)\,g}{D^2},$$

en faisant, pour abréger,

$$(\mathrm{K}^2 - n'k'^2)(r^2 + n'k'^2) + (r^2 + n'k'^2)(b - a)^2 + n'k'^2(h - r)^2 = \mathrm{D}'.$$

Dans la construction ordinaire des affûts, les distances horizontale et verticale $b - a$ et $h - r$, du centre de gravité du système à l'axe de l'essieu sont très petites, et leurs carrés et leurs produits doivent aussi être très petits par rapport à D; d'où il résulte que la condition $p < fZ'$ sera remplie, à moins que le frottement des roues contre le terrain étant très faible, le coefficient f ne soit une très petite fraction. Dans les cas d'exception où cette condition ne serait pas satisfaite, il en faudrait conclure que le frottement n'est pas assez fort pour maintenir nulle la vitesse des points inférieurs des roues, et qu'après l'instant où cette vitesse est devenue égale à zéro, elle prendrait un signe contraire à celui qu'elle avait auparavant. Le frottement exercerait alors toute son action proportionnellement à la pression, après comme avant cet instant; mais sa direction changerait en même temps que celle de la vitesse absolue de son point d'application; par conséquent, les formules du numéro précédent s'appliqueraient, dans ces sortes de cas, à la seconde partie de la rotation, avec l'attention seulement d'y changer le signe de f.

Mais nous supposerons la condition $p < fZ'$

remplie, et en intégrant les formules précédentes, et ayant égard aux valeurs de $\frac{dx'}{dt}$ et $\frac{dz'}{dt}$ qui répondent à $t = s + s_\iota$, nous aurons

$$\frac{dx'}{dt} = v' - fg s_\iota - [h-r-f(b-a)][b-a+f(h-r)]\frac{g s_\iota}{H'^2}$$
$$- \frac{r^2 (h-r)(b-a)\, g\, (t-s-s_\iota)}{D^2},$$

$$\frac{dz'}{dt} = \varphi' - [b-a+f(h-r)]\frac{g s_\iota}{H'^2} - \frac{(r^2+n'k'^2)(b-a)g(t-s-s_\iota)}{D^2},$$

pour toutes les valeurs de $t > s + s_\iota$. On connaîtra ensuite, pour ces mêmes valeurs, la vitesse u' au moyen de l'équation

$$\frac{dx'}{dt} + r\left(\frac{dz'}{dt} + u'\right) = 0.$$

Une seconde intégration donnera

$$z' = \varphi' s_\iota - [b-a+f(h-r)]\frac{g s_\iota^2}{2H'^2} + \varphi'(t-s-s_\iota) - [b-a+f(h-r)]\frac{g s_\iota(t-s-s_\iota)}{H'^2}$$
$$- \frac{(r^2+n'k'^2)(b-a)g(t-s-s_\iota)^2}{2D^2}.$$

La rotation que nous considérons sera terminée quand on aura $z' = 0$; si donc nous désignons par $t = s + s_\iota + s_\mathrm{\scriptscriptstyle 2}$, la valeur de t qui aura lieu à cet instant, la quantité s dépendra de l'équation du second degré :

$$\varphi'(s_\iota + s_\mathrm{\scriptscriptstyle 2}) - \frac{[b-a+f(h-r)]g(s_\iota^2+2s_\iota s_\mathrm{\scriptscriptstyle 2})}{2H'^2} - \frac{(r^2+n'k'^2)(b-a)g s_\mathrm{\scriptscriptstyle 2}^2}{2D^2} = 0,$$

dont elle sera la racine positive; et $s_1 + s_2$ sera la durée de cette rotation. La valeur finale de la vitesse angulaire $\dfrac{dz'}{dt}$ ne sera plus, comme dans le cas du numéro précédent, égale et contraire à la valeur initiale φ'; en la représentant par $-\varphi'_1$, on aura

$$\varphi'_1 = \frac{[b-a+f(h-r)]gs_1}{H'^2} + \frac{(r^2+n'k'^2)(b-a)gs_2}{D^2} - \varphi'.$$

Les valeurs correspondantes de $\dfrac{dx'}{dt}$ et u' se déduiront des expressions de ces vitesses à un instant quelconque, en y faisant $t = s + s_1 + s_2$; et si nous représentons par x_2, l'espace parcouru par le centre de gravité du système, nous aurons

$$x_2 = v's_2 - fgs_1s_2 - [h-r-f(b-a)][b-a+f(h-r)]\frac{gs_1s_2}{H'^2}$$
$$- \frac{r^2(h-r)(b-a)gs_2^2}{2D^2};$$

quantité qu'il faudra ajouter à x_1 pour avoir la longueur du recul pendant toute la durée de la seconde rotation.

26. A la fin de cette rotation, il y aura un choc des crosses contre le terrain, dont les effets seront faciles à déterminer, d'après ce que nous avons déjà vu. Ce choc détruira le mouvement du système autour de l'essieu, et lui en imprimera un autre autour de la droite menée par les extrémités des crosses. Nous représenterons la vitesse initiale de cette troisième rotation par φ''; et généralement nous désignerons par X'', N'', T'', S'', V'', E'', F'', ψ'', les quantités analogues à celles que nous avons représentées par les mêmes lettres sans accent dans le n° 4. Les équations d'équilibre entre les quantités de mouvement perdues ou gagnées, soit par les points du système entier, soit par ceux de la pièce ou de l'une des roues, se déduiront de l'une de celles du n° 6; en y supprimant les forces μ et R et la vitesse ω; mettant deux accents aux lettres ψ, X, N, etc.; puis ajoutant, dans le cas du n° **24**, les termes relatifs à la vitesse détruite — φ', lesquels seront les mêmes que dans le n° **21**; et changeant φ' en $\varphi'_{,}$, si c'est, au contraire, le cas du n° **25** qui a lieu.

De cette manière, nous aurons pour déterminer les neuf inconnues que la question présente, les neuf équations

$$-2\!\int N'' - X'' - h M\varphi'' + (h - r) M\varphi' = 0,$$

$$2N'' - a M\varphi'' - (b - a) M\varphi' = 0,$$

$$-h X'' - (K^2 + a^2 + h^2) M\varphi'' + 2m'k'^2 \psi''$$

$$+ [K^2 - a(b - a) + h(h - r)] M\varphi' = 0,$$

$$V''\sin\theta' - 2T'' - nX'' - nh'M\varphi'' + n(h'-r)M\varphi' = 0,$$

$$V''\cos\theta' - 2S'' - na'M\varphi'' - n(b-a')M\varphi' = 0,$$

$$- lV'' - npX'' - n(k^2 - a'q + h'p)M\varphi''$$
$$+ n[k^2 + (b-a')q + (h'-r)p]M\varphi' = 0,$$

$$E'' - \frac{1}{2}n'X'' - \frac{1}{2}n'rM\varphi'' = 0,$$

$$F'' - \frac{1}{2}n'bM\varphi'' = 0,$$

$$-\frac{1}{2}n'k'^2M\varphi'' + m'k'^2\psi'' + \frac{1}{2}n'k'^2M\varphi' = 0;$$

où l'on peut d'abord remarquer que la dernière équation donne $\psi'' = \varphi'' - \varphi'$, ce qui change la troisième en celle-ci :

$$- hX'' - (K^2 - n'k'^2 + a^2 + h^2)M\varphi''$$
$$+ [K^2 - n'k'^2 - a(b-a) + (h-r)]M\varphi' = 0.$$

En résolvant ces équations, on trouve

$$\varphi'' = \varphi' - \frac{(a-fh)b\varphi'}{H^2},$$

$$X'' = -(r+fb)M\varphi' + \frac{(h+fa)(a-fh)bM\varphi'}{H^2},$$

$$N'' = \frac{(K^2 - n'k'^2)bM\varphi'}{2H^2},$$

$$V'' = \left\{ q + fp + \frac{(a-fh)[k^2 + (h'-h)p - (a'-a)q - a(q+fp)]}{H^2} \right\}\frac{nbM\varphi'}{l},$$

$$\mathrm{T}'' = \frac{1}{2}\mathrm{V}''\sin\theta' + \frac{1}{2}\left[f(\mathrm{K}^2 - n'k'^2) + (h'-h)(a-fh)\right]\frac{nb\mathrm{M}\varphi'}{\mathrm{H}^2},$$

$$\mathrm{S}'' = \frac{1}{2}\mathrm{V}''\cos\theta' - \frac{1}{2}\left[\mathrm{K}^2 - n'k'^2 - (a'-a)(a-fh)\right]\frac{nb\mathrm{M}\varphi'}{\mathrm{H}^2},$$

$$\mathrm{E}'' = -\frac{1}{2}\left[f(\mathrm{K}^2 - n'k'^2) - (h-r)(a-fh)\right]\frac{n'b\mathrm{M}\varphi'}{\mathrm{H}^2},$$

$$\mathrm{F}'' = \frac{1}{2}\left[\mathrm{K}^2 - n'k'^2 - (b-a)(a-fh)\right]\frac{n'b\mathrm{M}\varphi'}{\mathrm{H}^2},$$

$$\psi'' = -\frac{(a-fhb)\varphi'}{\mathrm{H}^2};$$

la quantité H^2 étant la même que dans le n° **11**, savoir :

$$\mathrm{H}^2 = \mathrm{K}^2 - n'k'^2 + a^2 - fah.$$

Il ne restera plus qu'à substituer dans ces formules, à la place de φ' sa valeur du n° **22**, ou bien celle de φ'_1 du n° **25**.

La valeur de N'' est positive, ainsi que cela devait être; celle de V'' l'est aussi, en sorte que le choc des crosses contre le terrain ne peut pas, comme celui des roues (n° **22**), faire tourner la pièce autour des tourillons. Dans des cas particuliers la valeur de φ'' pourra se trouver négative; d'où l'on conclura qu'alors le choc des crosses contre le terrain ne soulève pas les roues, comme nous l'avions supposé. On supprimera donc, quand cela arrivera, les termes des équations d'équilibre qui contiennent φ', et l'on y introduira une force R'' qui exprimera la percussion au point le plus bas de chaque roue, et dont la valeur devra être positive : la formation de ces équations ainsi modifiées, et leur résolution ne présenteront aucune difficulté.

La troisième rotation commencera avec la vitesse φ'' autour des crosses ; en même temps la vitesse de translation du système, et la vitesse angulaire des roues autour de l'essieu, seront celles que l'on a déterminées dans le numéro précédent pour la fin de la seconde rotation, augmentées respectivement de $\dfrac{X''}{M}$ et de ψ''. Ces vitesses initiales étant ainsi connues, on déterminera le mouvement du système pendant la troisième rotation, par l'analyse du n° **20**, relative à la première.

27. Sans qu'il soit nécessaire de continuer davantage cette discussion, nous voyons comment on pourra calculer les uns par les autres, les effets des chocs successifs, et les portions de recul entre deux percussions consécutives. Les quantités relatives aux chocs des crosses contre le terrain, se détermineront au moyen des formules du numéro précédent, en y mettant à la place de φ', pour chacun de ces chocs, la vitesse angulaire du système qui avait lieu immédiatement auparavant, prise avec un signe contraire ; et de même, les quantités qui répondent aux chocs des roues contre le terrain seront données, en général, par les formules du n° **22**, dans lesquelles on mettra à la place de φ, pour chacun de ces chocs, la vitesse initiale de la rotation dont il est la fin : toutefois ces dernières formules devront être quelquefois modifiées, comme nous allons l'expliquer tout-à-l'heure, vers la fin du recul, lorsque la vitesse de translation du système sera très affaiblie.

Les vitesses initiales des rotations successives du système, ainsi déduites les unes des autres, formeront une série généralement décroissante ; de sorte que les oscillations alternatives du système, autour des crosses et autour de l'essieu, s'affaibliront continuellement. Tous les effets des chocs successifs seront proportionnels aux vitesses de rotation qui leur correspondent ; par conséquent, les percussions que les différentes parties du système éprouveront pendant le recul, seront aussi de moins en moins considérables.

Le mouvement du système entre deux chocs consécutifs se déterminera par l'analyse du n° **20**, ou par celle des n°ˢ **24** et **25**, sauf les modifications relatives à la fin du recul dont il nous reste à parler.

28. A l'origine du mouvement, la vitesse de

translation commune à tous les points du système, l'emporte de beaucoup sur la vitesse de rotation du point le plus bas de chaque roue; mais dans la suite, il peut arriver que ces deux vitesses diffèrent peu l'une de l'autre, à l'un des instants où les roues viennent frapper le terrain; et alors il est possible que le frottement, pendant la durée de la percussion, fasse disparaître cette différence, en sorte que la vitesse absolue du point où cette force exerce son action doive être égale à zéro après le choc. On ne doit pas perdre de vue qu'une percussion est une suite de pressions qui ont lieu pendant un temps très court, mais d'une durée finie. Dans le choc des roues contre le terrain, le frottement s'exerce à chaque instant de ce temps très court, en sens contraire de la vitesse actuelle du point le plus bas de chaque roue; son intensité, quand cette vitesse n'est pas nulle, est proportionnelle à la pression qui a lieu au même instant et au même point; cette vitesse varie graduellement pendant la durée du choc; et s'il arrive qu'elle devienne nulle à un certain instant de cette durée, une partie du frottement suffit ensuite, en général, pour la maintenir égale à zéro, jusqu'à la fin de la percussion.

D'après cela, il y aura deux cas à distinguer, selon que le point de contact de chaque roue avec le terrain aura conservé après le choc une partie de la vitesse qu'il avait auparavant, ou suivant que la vitesse de ce point après le choc devra être tout-à-fait nulle.

Dans le premier cas, le frottement aura exercé son action entière pendant toute la durée du choc : par conséquent la quantité de mouvement qu'il aura produite en sens contraire de la vitesse initiale de ce point de contact sera égale à $f\mathrm{R}'$; R' étant la somme des pressions verticales, ou la percussion que chaque roue aura éprouvée, et f désignant un coefficient donné.

Dans le second cas, au contraire, le frottement n'aura exercé la totalité de son action, que pendant une partie du choc; pendant l'autre partie, son action partielle aura pu être dirigée dans le sens ou en sens contraire de la vitesse précédemment détruite; la quantité de mouvement qu'il aura produite sera inconnue en grandeur et en direction; seulement nous saurons qu'en la représentant par ρ', il faudra qu'on ait $p' < f\mathrm{R}'$, abstraction faite du signe.

En supposant que toutes les notations employées dans le n° **21** se rapportent maintenant à une percussion d'un rang pair quelconque, c'est-à-dire à une percussion où ce sont les roues qui viennent frapper le terrain, les formules de ce numéro s'appliqueront, sans aucune modification, au premier de nos deux cas; mais pour s'assurer qu'il a effectivement lieu, il faudra

5..

comparer la vitesse du point le plus bas de chaque roue avant le choc, calculée d'après les rotations et les chocs précédents, avec sa vitesse après le choc, résultante de ces formules. Si l'on désigne la première vitesse par ζ, et la seconde par ζ', on aura

$$\zeta' = \zeta + \frac{X'}{M} + r(\varphi' + \psi'):$$

il faudra que ces deux vitesses aient la même direction, ou soient de même signe. Pour fixer les idées, nous supposerons que la quantité ζ soit positive; et en mettant à la place de X' et $\varphi' + \psi'$ leurs valeurs données par les formules citées, nous en conclurons

$$\zeta > \frac{\{ f(r^2 + n'k'^2)(K^2 - n'k'^4) + n'k'^2(h-r)[b-a+f(h-r)] \} b\varphi}{n'k'^2 H'^2},$$

pour la condition relative au premier cas; φ représentant la vitesse angulaire du système autour des crosses, au commencement de la rotation terminée par le choc des roues contre le terrain, que l'on considère.

Dans le second cas, on aura

$$M\zeta + X' + rM(\varphi' + \psi') = 0,$$

équation qu'il faudra joindre à celles de l'équili-

bre des quantités de mouvement perdues ou gagnées pendant le choc dont il sera question.

29. Pour obtenir ces équations, il suffira de remplacer dans celles du n° **21**, la force $-\int R'$ par la force inconnue ρ', qui agira dans le sens du recul ou en sens contraire, selon qu'elle sera positive ou négative. Au moyen de la condition $\zeta' = 0$, le nombre des. équations restera égal à celui des inconnues; mais pour abréger, nous nous dispenserons de former les valeurs des percussions V', T', S', E', F'; et nous ne considérerons que les inconnues X', R', φ', ψ', ρ'. Nous n'aurons besoin alors que des quatre équations :

$$2\rho' - X' - hM\varphi + (h - r) M\varphi' = 0,$$

$$2R' - aM\varphi - (b - a) M\varphi' = 0,$$

$$2bR' - hX' - (K^2 + a^2 + h^2)M\varphi + 2m'k'^2\psi'$$

$$+ [K^2 - a(b - a) + h(h - r)] M\varphi' = 0,$$

$$- r\rho' - \frac{1}{2}n'k'^2 M\varphi + m'k'^2(\varphi' + \psi') = 0,$$

jointes à celles du numéro précédent.

On en déduit

$$X' = -rM\varphi - \frac{br^2(h-r)(b-a)M\varphi}{D^2} - \frac{n'k'^2[K^2 - n'k'^2 + (b-a)^2 + (h-r)^2]M\zeta}{D^2},$$

$$\varphi' = \varphi - \frac{b(b-a)(n'k'^2 + r^2)\varphi}{D^2} - \frac{n'k'^2(h-r)\zeta}{D^2},$$

$$\psi' = \frac{b(b-a)(n'k'^2 + hr)\varphi}{D^2} - \frac{[K^2 r - n'k'^2 h + (b-a)^2 r]\zeta}{D^2},$$

$$R' = \frac{1}{2}\left[bM\varphi - \frac{b(b-a)^2(n'k'^2 + r^2)M\varphi}{D^2} - \frac{n'k'\cdot(b-a)(h-r)M\zeta}{D^2} \right],$$

$$\rho' = \frac{1}{2}\left[\frac{b(b-a)(h-r)n'k'^2 M\varphi}{D^2} - \frac{[K^2 - n'k'^2 + (b-a)^2]n'k'^2 M\zeta}{D^2} \right];$$

le dénominateur D^2 étant la même quantité que dans le n° **25**.

Les valeurs de φ' et R' devront être positives, et il faudra qu'on ait $\rho' < fR'$, abstraction faite du signe. La seconde condition revient à ce que les deux quantités $fR' + \rho'$ et $fR' - \rho'$ doivent être de même signe que le coefficient f, lequel est positif dans le cas où la vitesse ζ est dirigée dans le sens du recul, comme nous l'avons supposé.

Or, on aura

$$fR' - \rho' = \frac{bM\varphi}{2D^2}\left\{ f(n'k'^2 + r^2)(K^2 - n'k'^2) - n'k'^2(h-r)[b-a-f(h-r)] \right\}$$

$$+ \frac{n'k'^2 M\zeta}{2D^2}\left\{ K^2 - n'k'^2 + (b-a)[b-a-f(h-r)] \right\},$$

$$fR' + \rho' = \frac{bM\varphi}{2D^2}\left\{ f(n'k'^2 + r^2)(K^2 - n'k'^2) + n'k'^2(h-r)[b-a+f(h-r)] \right\}$$

$$- \frac{n'k'^2 M\zeta}{2D^2}\left\{ K^2 - n'k'^2 + (b-a)[b-a+f(h-r)] \right\},$$

où l'on voit d'abord que la condition $fR' - \rho' > 0$ sera généralement satisfaite, à cause que la petitesse des lignes $b - a$ et $h - r$, dans la construction ordinaire des affûts, rend positifs les coefficients des vitesses φ et ζ, dans l'expression de $f R' - \rho'$: il n'y aurait d'exception à l'égard du coefficient de φ que si le frottement des roues contre le terrain était très faible, et le coefficient f une très petite fraction, ce qui n'a pas lieu ordinairement.

Quant à la condition $f R' + \rho' > 0$, on en conclura

$$\zeta < \left\{ f(r^2 + n'k'^2)(K^2 - n'k'^2) + n'k'^2(h-r)[b-a+f(h-r)] \right\} \frac{b\varphi}{n'k'^2 H'^2},$$

H'^2 étant la même quantité que précédemment. En comparant cette inégalité à celle du numéro précédent, on voit que les deux cas énoncés dans ce numéro s'excluent l'un l'autre, et qu'un seul pourra avoir lieu à la fois, ainsi que cela devait effectivement avoir lieu (*).

***

(*) Cette dernière inégalité étant satisfaite, si la condition $f R' - \rho'$ positive n'était pas remplie, à cause de l'exception très particulière que nous avons indiquée, aucun de ces deux cas ne serait possible, et il en faudrait considérer un troisième. Ce serait celui dans lequel la vitesse du point de contact de chaque roue avec le terrain passerait du positif au négatif pendant la durée du choc; en sorte qu'elle serait dirigée en sens opposés au commencement et à la fin : dans ce cas, le frottement agirait avec toute son intensité pendant la durée entière de la rotation; mais pendant une partie, il serait dirigé dans le sens du recul, et pendant l'au-

. A cause que l'on a

$$2R' = aM\varphi + (b - a) M\varphi',$$

la condition $R' > o$ sera une suite de $\varphi' > o$. Or, si l'on met dans l'expression de φ', à la place de ζ, la limite précédente que cette quantité ne peut dépasser, on aura, toute réduction faite,

$$\varphi' > \{K^2 - n'k'^2 - a[b - a + f(h - r)]\} \frac{\varphi}{H'^2},$$

et, en général, $\varphi' > o$, à cause de la petitesse de $b - a$ et $h - r$. Si cependant on avait $\varphi' < o$ dans un cas particulier, il faudrait supprimer cette vitesse φ' dans les équations du problème, et la remplacer par une force inconnue, pour exprimer la percussion éprouvée par les crosses, qui, dans ce cas, ne seraient pas soulevées. Nous ne nous arrêterons pas à considérer ce cas particulier, qui ne saurait présenter aucune difficulté.

---

tre partie, il agirait en sens contraire ; et pour déterminer les effets du choc, il serait nécessaire de considérer ces deux parties séparément. Quoique nous ne nous occupions pas de ce troisième cas, à cause de son peu d'importance dans la question présente, il était bon néanmoins de le mentionner, parce qu'il peut se rencontrer d'autres problèmes relatifs au frottement des corps tournants, où il soit indispensable d'y avoir égard.

Le mouvement du système pendant la rotation autour de l'essieu, qui suivra le choc auquel ces formules se rapportent, se déterminera par l'analyse du n° **24**, en supposant la vitesse du point le plus bas de chaque roue, égale à zéro dès l'origine de cette rotation, et par suite pendant toute sa durée.

30. Au moyen des différentes règles que nous venons d'exposer, on pourra calculer, dans tous les cas, l'espace parcouru à chaque instant par le centre de gravité du système, et la vitesse horizontale dont il est encore animé : on connaîtra donc l'espace total qu'il aura décrit quand cette vitesse sera devenue égale à zéro, lequel espace sera la longueur du recul, dont la durée se trouvera en même temps déterminée. Cette longueur et cette durée dépendront de toutes les quantités comprises dans les formules précédentes, savoir : la vitesse du projectile à la bouche du canon, le rapport de son poids à celui du système entier, le moment d'inertie de ce système, la grandeur du frottement, le rayon et le moment d'inertie des roues, la distance de leurs points inférieurs à l'extrémité des crosses, la hauteur du centre de gravité du système au-dessus du terrain et la distance de sa projection sur le sol à celle de l'essieu, enfin la distance de ce centre à l'axe de la pièce et l'inclinaison du tir.

Dans le cas où le système tourne alternativement autour des crosses et autour de l'essieu, cette dernière distance entre dans l'expression de la vitesse initiale de la première rotation, qui lui est à peu près proportionnelle, quand on tire sous un angle peu considérable (n° **19**) : pour cette raison, les variations de cette distance devront influer beaucoup sur le recul. Or, elle varie très sensiblement par rapport à sa propre grandeur, quand on rapproche ou qu'on éloigne l'axe des tourillons de celui de la pièce : la distance de l'un de ces axes à l'autre aura donc aussi une grande influence sur la longueur du recul; ce qui est, en effet, conforme à l'expérience, quoique d'abord il paraisse difficile de se rendre raison d'un semblable résultat, surtout lorsque la pièce ne prend aucun mouvement de rotation autour des tourillons. Il en est de même à l'égard de la longueur de l'affût, ou de la distance comprise entre l'extrémité des crosses et les points inférieurs des roues, qui entre dans les formules précédentes, et dont l'expérience a aussi fait connaître l'influence sur la grandeur du recul.

NOTE PREMIÈRE (*).

Dans la pratique de l'artillerie, on se sert de projectiles d'un diamètre plus petit que le calibre des bouches à feu ; par suite, la section de la colonne de gaz qui agit contre le fond de l'âme, est plus grande que celle de la partie qui agit en sens contraire sur le boulet, de toute la surface du vent, passage par lequel le fluide élastique, développé dans la combustion de la poudre, peut s'échapper sans exercer de pression sur le mobile, dans le sens de la direction générale du mouvement. Dans ce cas, il n'y a pas égalité entre les quantités de mouvement communiquées à la bouche à feu et au projectile, puisque le gaz est supposé avoir des tensions égales aux deux extrémités de la colonne fluide, et que les pressions qu'il exerce du côté de la bouche du canon, ne sont pas toutes employées contre le boulet, comme elles le sont, du côté opposé, contre le fond de l'âme. Lorsque le vent, ou orifice par lequel l'écoulement du gaz a lieu, est assez petit pour que le parallélisme des tranches du fluide ne soit pas sensiblement trou-

---

(*) Cette note et la suivante ont été rédigées par M. le commandant Piobert.

blé, la pression de la colonne entière de gaz et celle de la partie qui agit sur le projectile dans le sens du mouvement, sont entre elles à chaque instant dans le rapport des surfaces des sections de l'âme et du projectile, faites perpendiculairement à la direction du mouvement. Ce même rapport existe aussi entre les quantités de mouvement communiquées à la pièce et au boulet.

Les projectiles des bouches à feu en usage n'ayant qu'un vent assez faible, on pourrait donc admettre que les quantités de mouvement de la pièce et du projectile sont à très peu près dans le rapport des carrés des diamètres de l'âme et du boulet; mais l'égalité de tension des gaz aux deux extrémités de la colonne fluide, n'a lieu que dans le cas où les masses de la bouche à feu et du projectile sont égales, ou quand celle de la charge est très petite par rapport aux deux premières. En désignant par B et par v_1 la masse et la vitesse du boulet, et par c' et c'' les calibres respectifs de l'âme et du projectile, on a alors

$$\mu = Bv_1 \frac{c'^2}{c''^2}.$$

Dans la pratique, le poids de la charge est souvent une fraction notable de celui du projectile; il faut alors tenir compte de la masse du gaz de la poudre, dont une partie est lancée avec le boulet, tandis que l'autre est lancée en sens con-

traire. Mais comme la masse de la bouche à feu,
ajoutée à celle de l'affût, est toujours très grande
par rapport à celle du projectile (environ dans le
rapport de 3oo à 1 pour les canons), le fond de
l'âme de la pièce ne prend qu'une très faible
vitesse, et la portion de gaz qui est lancée en arrière avec lui ne forme qu'une très faible partie
de la masse de la charge, dont la presque totalité
est lancée en avant avec le projectile. Si toutes
les tranches de gaz étaient sensiblement de même
densité, ainsi que cela a lieu pour les petites
charges, le centre de gravité de la colonne de gaz
lancé avec le boulet serait toujours situé au mi-
lieu de la longueur de cette colonne, et sa vitesse
serait moitié de celle du projectile; mais les tranches les plus rapprochées de ce dernier sont les
moins denses, de sorte que le centre de gravité
du gaz se meut avec une vitesse plus faible que
la moitié de celle du boulet. Mais le rapport qui
existe entre ces deux vitesses ne diffère de $\frac{1}{2}$ que
d'une quantité qui est toujours beaucoup plus
petite que $\frac{1}{24}$ du rapport du poids de la charge à
celui du projectile; aussi l'erreur qu'on commet
en prenant la moitié de la vitesse du boulet pour
celle du gaz peut presque toujours être négligée.
En appelant C la masse de la charge, $\frac{Cv_i}{2}$ sera sensiblement la quantité de mouvement communi-

quée au gaz, et l'on aura pour celle du système de la bouche à feu et de l'affût,

$$\mu = \mathrm{B}v_{1}\,\frac{c'^{2}}{c''^{2}} + \mathrm{C}\,\frac{v_{1}}{2}.$$

Dans cette relation entre la quantité de mouvement de la pièce, celle du projectile et celle de la charge, le gaz de la poudre est supposé agir pendant le même temps sur le fond de l'âme et sur le boulet; c'est aussi ce qui a lieu tant que celui-ci n'est pas arrivé à la bouche du canon; mais à partir de ce moment, le fluide élastique n'étant plus contenu par les parois de l'âme, se répand dans l'air et abandonne bientôt le projectile, tandis que dans la direction opposée, non-seulement il continue à agir sur le fond de l'âme, mais la tranche de la bouche du canon est aussi soumise à son action. Pour avoir la quantité totale de mouvement communiquée à la pièce, il faut donc tenir compte de celle que le gaz acquiert en s'écoulant de l'âme, après que son action contre le boulet a cessé. L'accroissement de vitesse du centre de gravité du gaz, après la sortie du projectile hors de la bouche à feu, varie sans doute avec les dimensions de l'âme, la grandeur de la lumière et du vent, le poids de la charge, celui du boulet, et la rapidité avec laquelle le gaz se dégage dans la déflagration de la poudre; cependant la supposition d'un accroissement de vitesse de la charge de 420 mètres s'accorde assez bien avec les résultats obtenus dans les diverses circonstances du tir des fusils et des canons en usage. Par suite la quantité de mouvement communiquée au système de la bouche à feu et de l'affût devient, en prenant le mètre pour unité de mesure,

$$\mu = B v_1 \frac{c'^2}{c''^2} + C \frac{v_1}{2} + 420.C.$$

Cette relation peut servir aussi à déterminer la vitesse initiale d'un projectile, lorsqu'on connaît la quantité de mouvement de la bouche à feu, car on en tire

$$v_1 = \frac{\mu - 420\,C}{B\dfrac{c'^2}{c''^2} + \dfrac{C}{2}}.$$

— — — —

NOTE DEUXIÈME.

Dans la pratique la valeur de v est plus grande que la vitesse du projectile à la bouche du canon, diminuée dans le rapport de sa masse à celle du système entier; elle se déduit de l'équation

$$\mu = M\nu = \mu = B\nu_1 \frac{c'^2}{c''^2} + C \frac{\nu_1}{2} + 420\,C;$$

d'où l'on tire

$$\nu = \frac{B}{M}\,\nu_1\,\frac{c'^2}{c''^2} + \frac{C}{M}\left(\frac{\nu_1}{2} + 420\right).$$

FIN.

FIN DE LA TABLE DES MATIÈRES.

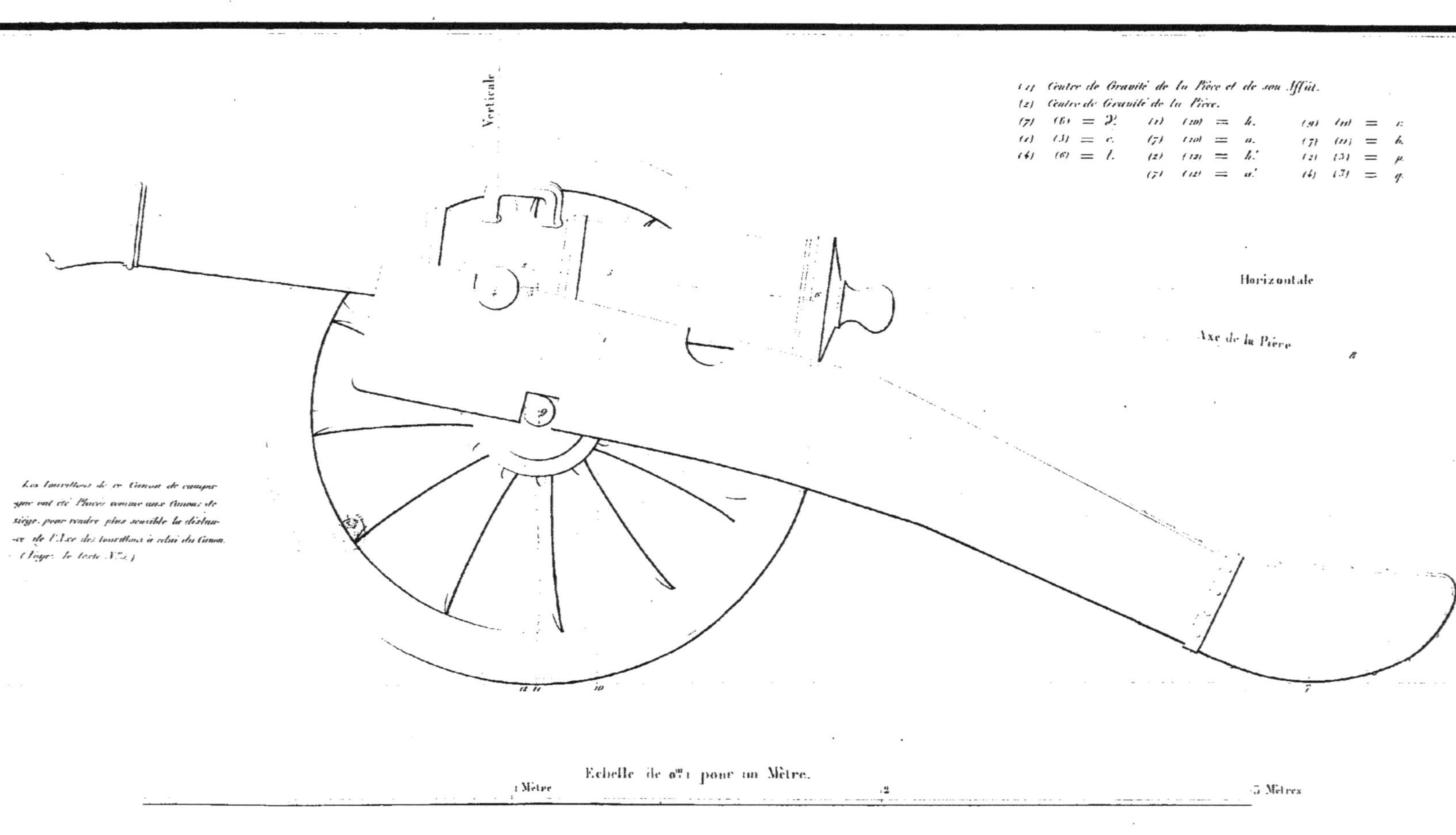

Verticale
Horizontale
Axe de la Pièce
(1) Centre de Gravité de la Pièce et de son Affût.
(2) Centre de Gravité de la Pièce.
(7) (6) = 2'.   (1) (10) = h.   (9) (11) = c.
(1) (3) = c.   (7) (10) = a.   (7) (11) = b.
(4) (6) = l.   (2) (12) = h'.   (2) (3) = p.
                   (7) (12) = a'.   (4) (3) = q.
Les tourillons de ce Canon de campagne ont été Placés comme aux Canons de siège, pour rendre plus sensible la distance de l'Axe des tourillons à celui du Canon. (Voyez le texte N° 5.)
Echelle de 0ᵐ1 pour un Mètre.
1 Mètre
5 Mètres